JEAN-CLAUDE TCHASSE
Professeur de Lycées d'Enseignement Général (PLEG) Sciences physiques/option physique Hors-echelle.

EXERCICES CORRIGES DE PHYSIQUE

A L'USAGE DES CLASSES DE TERMINALES SCIENTIFIQUES

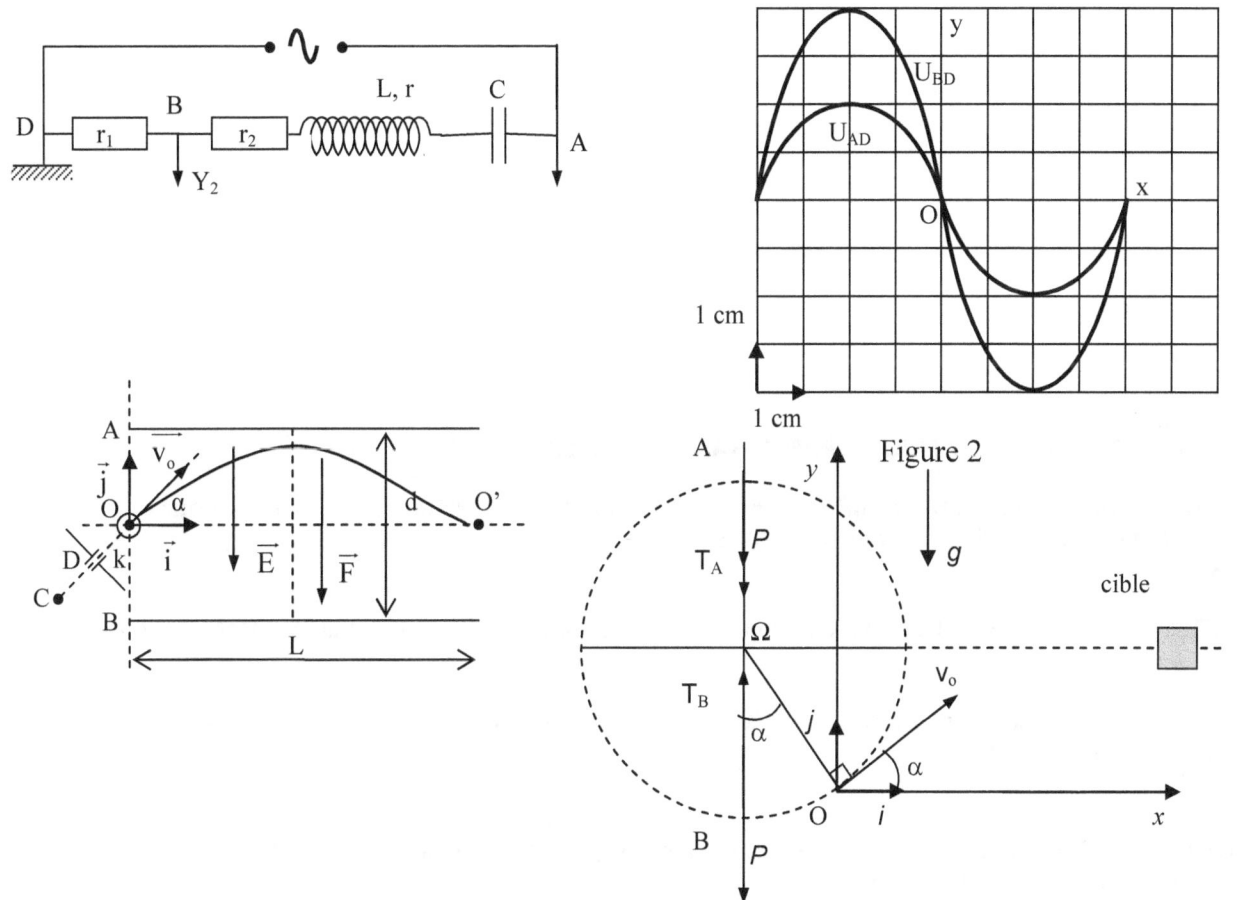

Du même auteur :
MANUEL DE PHYSIQUE TLE CDE AFRIQUE. PARIS, HARMATTAN, 200

LES SECRETS DE LA REUSSITE SCOLAIRE : conseils aux parents et aux élèves pour un parcours scolaire couronné de succès. Bafoussam, août 2013
ASIN : B01G3R9QIA

ETRE CHRETIEN AUJOURD'HUI. Comment vivre sa chrétienté dans un monde troublé ? Bafoussam, mai 2016

LES MATHS DE LA PHYSIQUE : savoirs mathématiques indispensables pour réussir en physique au second cycle. Bafoussam, juin 2016
ASIN : B01IBXCWG2

MANUEL DE CHIMIE Pour les classes de Terminales scientifiques. Bafoussam, juillet 2016
ASIN : B01IPDWIPS

© Toute représentation, traduction, adaptation ou reproduction, même partielle, par tous procédés, en tout pays, faite sans autorisation préalable est illicite et exposerait le contrevenant à des poursuites judiciaires.

TABLE DES MATIERES

Avant – propos..5
20 conseils pour bien aborder les épreuves de Physique 6
et de Chimie à l'examen...6
QUE LA GRACE DU SEIGNEUR VOUS ACCOMPAGNE...........................7
Constantes physiques..8

1- CINEMATIQUE. 11
BREF RAPPEL DU COURS..11
EXERCICES. 12

2 - LES LOIS DE NEWTON...15
BREF RAPPEL DU COURS..15
Méthode de résolution des problèmes de dynamique. 15
EXERCICES 16

3 - MOUVEMENTS DE PROJECTILES DANS LE CHAMP DE PESANTEUR 20
BREF RAPPEL DU COURS..20
EXERCICES. 20

4 - MOUVEMENTS DE PARTICULES CHARGEES DANS LES CHAMPS ELECTRIQUE ET MAGNETIQUE. 26
BREF RAPPEL DU COURS..26
Particule chargée dans un champ électrique. 26
Particule chargée dans un champ magnétique. 26
EXERCICES. 27

5 - LES OSCILLATEURS MECANIQUES. 33
BREF RAPPEL DU COURS..33
Pendule élastique...33
Pendule de torsion. 33
Pendule pesant...34
EXERCICES. 35

6 - ELECTROSTATIQUE. 40
RAPPEL DU COURS..40
EXERCICES 40

7 - OSCILLATIONS ELECTRIQUES ET 43
CIRCUITS R, L, C. 43
RAPPEL DU COURS..43
EXERCICES 43

8. LA FORCE DE LAPLACE. 48
BREF RAPPEL DU COURS..48

EXERCICES 48
1 - CINEMATIQUE 52
2 - LES LOIS DE NEWTON 57
3 - MOUVEMENTS DE PROJECTILES DANS LE CHAMP DE PESANTEUR. 64
4 - MOUVEMENTS DE PARTICULES CHARGEES DANS LES CHAMPS ELECTRIQUE ET MAGNETIQUE. 73
5 - LES OSCILLATEURS MECANIQUES 79
6 - ELECTROSTATIQUE. 86
7 - OSCILLATIONS ELECTRIQUES ET CIRCUIT R, L, C. 91
8 - LA FORCE DE LAPLACE 95

Avant – propos

Cet ouvrage propose des exercices de physique avec des solutions complètes. C'est une contribution à la vulgarisation d'une discipline qui semble encore donner du fil à retordre aux élèves. Il est destiné aux élèves des classes de Terminales scientifiques. Il sera une aide précieuse pour la préparation du BAC scientifique et des concours d'entrée dans les Grandes Ecoles. Les collègues enseignants le consulteront avec beaucoup d'intérêt.

Il comporte des chapitres choisis en fonction de leur importance dans le programme de physique des classes de Terminales scientifiques. L'élève qui maîtrise ces chapitres est sûr d'avoir la base nécessaire pour réussir à l'épreuve de physique. Il est divisé en deux grandes parties : dans la première qui regroupe les énoncés des exercices, chaque chapitre commence par un bref rappel du cours. Dans la deuxième partie, on trouvera regroupées les solutions aux exercices de la partie précédente. A chaque exercice correspond une solution détaillée.

Comment utiliser cet ouvrage ? Il faut commencer par bien assimiler le cours. Cet ouvrage ne saurait remplacer le principal ouvrage indiqué dans la liste officielle qui contient le cours complet et des exercices et qui est utilisé par le professeur en classe. Quand vous aurez bien appris la leçon, traité les exercices d'application et d'autres exercices éventuellement venant du premier ouvrage, vous pourrez traiter les exercices proposés ici. Les périodes de révision sont aussi les moments indiqués pour consulter l'ouvrage.

Lisez bien l'énoncé de l'exercice et traitez-le. Il se peut que vous ne compreniez pas tout de suite certains exercices. Pas de panique ! C'est normal. Et c'est la preuve que vous n'avez pas bien compris la leçon ou que vous accusez encore des lacunes en mathématiques; relisez donc la leçon et consultez vos cours des classes antérieures si nécessaire. Ne soyez pas pressé de consulter tout de suite la solution. Vous pouvez, quand vous êtes vraiment bloqué et seulement dans ce cas, consulter la solution de la question précise qui vous a empêché de dormir. Oui, parce que parfois il faut réfléchir à certains exercices pendant plusieurs jours.

Eviter de mémoriser les solutions des exercices proposés ici. Les exercices peuvent se ressembler, mais avec de légères différences qui conduisent à des réponses littérales et numériques totalement différentes de celles que auriez apprises. Vous l'avez compris, la physique ne s'apprend pas comme certaines matières qui font appel à une grande capacité de rétention, même si la mémoire reste nécessaire.

Pour réussir en physique, il faut une solide base en mathématiques. Il faut être méthodique, organisé, discipliné, exigeant envers soi-même. Et cela n'exige pas un quotient intellectuel (QI) très élevé. Il suffit d'être intelligent comme le sont plus de 95% des élèves. Si vous avez atteint la classe de Terminale, et une classe de Terminale scientifique de surcroît, c'est que vous avez l'intelligence nécessaire pour réussir. C'est donc totalement aberrant d'entendre des élèves de cette classe déclarer parfois, « la physique est trop dure ». Faites le travail nécessaire et cela devrait aller. Etablissez un bon emploi du temps (les conseillers d'orientation peuvent vous aider dans cette tâche), et prévoyez suffisamment d'heures d'étude pour la physique. Bon courage

Je remercie le Seigneur qui a rendu la rédaction de cet ouvrage possible.

20 conseils pour bien aborder les épreuves de Physique et de Chimie à l'examen

1. Se munir d'une bonne calculatrice, acquise au plus tard un mois avant l'examen, afin de s'y habituer, d'en maîtriser le fonctionnement ;
2. Se munir du matériel de dessin (règle, équerres, compas, rapporteur, crayon, gomme, etc....)
3. Avoir une montre pour bien gérer le temps alloué ;
4. Lire entièrement l'épreuve au début; cela vous permet de classer les exercices en fonction de leur difficulté apparente, du plus facile au plus difficile, et puis commencer naturellement par le plus facile.
5. Attention à la présentation de votre copie : en effet vous n'avez pas intérêt à énerver le correcteur par une copie mal présentée, avec des ratures, des réponses littérales et numériques non encadrées, ou encadrées à la hâte ; soignez-la, encadrez les réponses littérales et numériques avec soin.
6. Le mot « exo » n'existe pas encore dans le dictionnaire; éviter donc de l'utiliser.
7. Les unités : ne pas oublier d'accompagner vos réponses numériques des unités correspondantes ; ce sont les unités qui distinguent les Mathématiques des Sciences Physiques en général ; ce sont elles qui traduisent le caractère concret et matériel des Sciences Physiques, par opposition au caractère abstrait des mathématiques.
8. Si vous êtes libre de commencer par l'exercice qui vous inspire, il vous est déconseillé de traiter les questions d'un exercice choisi dans le désordre.
9. Si vous êtes bloqué alors que vous n'avez pas achevé l'exercice que vous traitiez, prévoyez un espace sur lequel vous pourrez revenir traiter la question difficile, avant de commencer le prochain exercice.
10. Allouer à chaque exercice une durée en fonction de l'impression que vous aura laissé la première lecture. Un exemple de découpage :

Activité	Epreuve de 2 h (120 min)	Epreuve de 3 h (180 min)	Epreuve de 4 h (240 min)
Lecture intégrale de l'épreuve	15 min	20 min	30 min
Division du temps	5 min	5 min	5 min
Traitement des exercices	Environ 21 min par exercice (4)	Environ 34 min par exercice (4)	35 min par exercice (5)
Relecture copie entière	15 min.	20 min.	30 min.

Cette division du temps réservé au traitement par le nombre d'exercices suppose que le nombre total de points de l'épreuve a été divisé par le nombre d'exercices. Il peut arriver que certains exercices comportent plus de points que d'autres ; dans ce cas, diviser le temps réservé au traitement des exercices par le nombre total de points de l'épreuve, et ensuite multiplier le résultat, qui est la valeur temporelle d'un point, par le nombre de points de chaque exercice. Cela permettra de trouver le temps à allouer à chaque exercice. Par exemple une épreuve de 2h notée sur 20 points comporte un exercice sur 3 points, un exercice sur 6 points, un exercice sur 4 points et un autre sur 7 points, soit 4 exercices : on divisera le temps réservé au traitement des exercices, soit 85 minutes par 20, ce qui donne comme valeur *temporelle d'un point*, 4,25. L'exercice sur 3 points sera traité pendant 3 x 4,25 =12,75 minutes ; l'exercice de 7 points sera traité pendant 7 x 4,25 = 29,75 minutes, et ainsi de suite.

Ne pas passer à l'exercice suivant tant que vous n'avez pas épuisé le temps imparti à l'exercice que vous traitez. Dès que vous avez épuisé le temps consacré à un exercice, passez au suivant, même si vous n'avez pas fini. Un exercice qui vous a semblé difficile à la première lecture peut

s'avérer plus facile que vous ne le croyiez, et vice versa. Cette méthode vous évitera de perdre du temps sur des exercices trop difficiles, et de traiter à coup sûr ceux qui sont à votre portée.
11. Ne jamais remettre votre copie avant d'avoir épuisé le temps qui vous est imparti. Le tableau suivant vous rappelle les durées des épreuves suivant les séries.

	P A	PC	PD	TC	TD
Physique	1h	2 h	2 h	4 h	3 h
Chimie		2 h	2 h	3 h	3h

Si vous procédez comme indiqué ci – dessus, vous risquez plutôt d'être surpris par la fin de l'épreuve. Ne vous laissez pas impressionner par ceux qui sortent vite ; bien souvent ce sont des aventuriers et autres cancres pour qui faire l'examen est devenu une profession. Certains prétendent qu'ils ne savent pas quoi écrire : bien souvent il arrive qu'ils soient inspirés quand ils ont déjà remis leurs copies, c'est-à-dire quand il est trop tard. Vous ne pouvez pas passer neuf mois à préparer un examen et vous payer le luxe de sortir avant la fin d'une épreuve, sans l'avoir traitée entièrement, alors que rien ne vous y oblige.

12. Lire attentivement chaque exercice avant de le traiter ; en effet cela pourrait ressembler à un exercice que vous avez déjà traité, avec des différences.
13. Certains exercices de physique (électricité, mécanique, optique, etc....) nécessitent un schéma ; le faire, même quand ce n'est pas expressément demandé.
14. Ne pas confondre vitesse et précipitation. Il vaut mieux traiter une partie de l'épreuve avec attention, concentration et application, plutôt que la traiter entièrement avec empressement et tout ce que cela comporte comme oublis, erreurs, ratures, etc....
15. Eviter de parachuter les réponses, qu'elles soient littérales ou numériques : cela ne correspond pas à l'esprit des sciences physiques : en effet toute réponse doit découler d'un raisonnement convaincant par sa rigueur.
16. Apprécier la vraisemblance de votre réponse numérique. Des élèves à qui on demandait l'arête d'un cube de glace contenu dans un verre à boire, ont trouvé 3 mètres comme réponse numérique; un peu de bon sens leur aurait évité une telle absurdité.
17. Quand c'est possible, vérifier vos calculs ; s'il existe plusieurs méthodes pour parvenir au même résultat refaites le calcul par une deuxième méthode. Si cela peut se faire graphiquement, ne pas hésiter.
18. Eviter de donner des réponses numériques sous forme de fraction, avec des racines, des logarithmes ou des exponentielles.
19. Utiliser les notations de l'énoncé. Si c'est nécessaire d'en introduire de nouvelles, les définir.
20. Ne pas oublier que vous ne rencontrerez jamais le correcteur de votre copie pour lui expliquer de vive voix ce que vouliez dire ou écrire; exprimez donc votre idée sur votre copic avec clarté, précision et concision.

QUE LA GRACE DU SEIGNEUR VOUS ACCOMPAGNE

Constantes physiques.

	Désignation	valeur
1.	Célérité de la lumière c	$2{,}997925 \cdot 10^{8}$ m/s
2.	constante de Boltzmann	$1{,}380658 \cdot 10^{-23}$ J/K
3.	constant des gaz parfait	$8{,}314510$
4.	constante gravitationnelle	$6{,}67259 \cdot 10^{-11}$ $N.m^2.kg^{-2}$.
5.	g = champ de gravitation	$9{,}806650$ $N.kg^{-1}$
6.	Perméabilité du vide	$1{,}256637 \cdot 10^{-6}$
7.	Permittivité du vide ε_o	$8{,}854188 \cdot 10^{-12}$ $C^2/(N.m^2)$
8.	Constante de Planck h	$6{,}626075 \cdot 10^{-34}$ J.s
9.	unité de masse atomique u	$1{,}660540 \cdot 10^{-27}$ kg
10.	masse de l'électron m_e	$9{,}109390 \cdot 10^{-31}$ kg
11.	masse du proton m_p	$1{,}672623 \cdot 10^{-27}$ kg
12.	masse du neutron m_n	$1{,}67492910^{-27}$ kg
13.	Constante électrostatique k	$8{,}987552 \cdot 10^{9}$
14.	charge de l' electron e	$-1{,}60217710^{-19}$ C.
15.	nombre d'Avagadro	$6{,}022137 \cdot 10^{23}$
16.	Faraday	96487 C

I - RAPPELS DE COURS ET EXERCICES

Rappels sur l'énergie mécanique.

1. Energie cinétique.
Un corps de masse M animé d'un mouvement de translation de vitesse v possède l'énergie cinétique $E_c = \frac{1}{2}Mv^2$. Pour un corps de moment d'inertie J_Δ animé d'un mouvement de rotation de vitesse angulaire $\dot{\theta}$, l'énergie cinétique s'écrit $E_c = \frac{1}{2}J_\Delta \dot{\theta}^2$. La masse s'exprime en kg, la vitesse en m.s^{-1}, le moment d'inertie J_Δ en kg.m^2, la vitesse angulaire $\dot{\theta}$ en rad.s^{-1}.

2. Théorème de l'énergie cinétique.
Dans un référentiel galiléen, la variation d'énergie cinétique d'un solide entre deux instants t_1 et t_2 est égale à la somme algébrique des travaux de toutes les forces qui lui sont appliquées entre ces deux instants.

3. Energie potentielle.

a. Energie potentielle de pesanteur.
On considère un corps de masse M situé à une altitude h dans le champ de pesanteur supposé uniforme, d'intensité g. sin on considère le sol comme niveau de référence, un tel corps possède l'énergie potentielle de pesanteur E_{pp} = Mgh.

b. Energie potentielle élastique.
Un corps suspendu à un ressort de raideur k, allongé ou raccourci de x par rapport à sa position d'équilibre possède l'énergie potentielle élastique $E_{pe} = \frac{1}{2}kx^2$.

Pour un pendule de torsion de constante de torsion C, que l'on tourne d'un angle θ, l'énergie potentielle élastique s'écrit $E_{pe} = \frac{1}{2}C\theta^2$.

4. Energie mécanique.
L'énergie mécanique E_M d'un corps s'obtient en faisant la somme de son énergie cinétique et de toutes les formes d'énergie potentielle que ce corps peut posséder.
E_M = Ec + Ep.
Dans un système non dissipatif, c'est-à-dire lorsqu'on néglige les forces de frottement, l'énergie mécanique est constante.
Quand le système est dissipatif, l'énergie mécanique n'est plus constante ; sa variation est égale au travail des forces de frottement.

1- CINEMATIQUE.

BREF RAPPEL DU COURS.

En coordonnées cartésiennes, si le mobile est en M, le vecteur position $\overrightarrow{OM} = x\vec{i} + y\vec{j} + z\vec{k}$. Le vecteur vitesse est la **dérivée par rapport au temps** du vecteur position. En coordonnées cartésiennes, on a $\vec{v} = \dfrac{d\overrightarrow{OM}}{dt} = \dfrac{dx}{dt}\vec{i} + \dfrac{dy}{dt}\vec{j} + \dfrac{dz}{dt}\vec{k} = \dot{x}\vec{i} + \dot{y}\vec{j} + \dot{z}\vec{k}$; on pose, pour simplifier l'écriture, $\dfrac{dx}{dt} = \dot{x}$; $\dfrac{dy}{dt} = \dot{y}$; $\dfrac{dz}{dt} = \dot{z}$. Avec cette notation, la norme du vecteur vitesse s'écrit : $v = \sqrt{\dot{x}^2 + \dot{y}^2 + \dot{z}^2}$; elle s'exprime en **m.s^{-1}**. ; le vecteur accélération est la **dérivée par rapport au temps du vecteur vitesse**, et comme le vecteur vitesse est la dérivée du vecteur position, on peut écrire : $\vec{a} = \dfrac{d\vec{v}}{dt} = \dfrac{d^2\overrightarrow{OM}}{dt^2}$.

En coordonnées cartésiennes, cela s'écrit $\vec{a} = \dfrac{d^2x}{dt^2}\vec{i} + \dfrac{d^2y}{dt^2}\vec{j} + \dfrac{d^2z}{dt^2}\vec{k} = \ddot{x}\vec{i} + \ddot{y}\vec{j} + \ddot{z}\vec{k}$

$a_x = \dfrac{d^2x}{dt^2} = \ddot{x}$; $a_y = \dfrac{d^2y}{dt^2} = \ddot{y}$; $a_z = \dfrac{d^2z}{dt^2} = \ddot{z}$; la norme du vecteur accélération s'écrit : $a = \sqrt{\ddot{x}^2 + \ddot{y}^2 + \ddot{z}^2}$; elle s'exprime en **mètre par seconde au carré** (m.s^{-2}).

Le mouvement **rectiligne uniforme** a pour équation horaire : $x = vt + x_o$
Pour le mouvement rectiligne uniformément varié, la vitesse instantanée s'écrit : $v = at + v_o$, et l'équation horaire $x = \dfrac{1}{2}at^2 + v_o t + x_o$. Entre la vitesse et l'accélération, on a la relation $v^2 - v_o^2 = 2a(x - x_o)$

Pour les mouvements curvilignes l'accélération a une composante tangentielle et une composante normale et s'écrit $\vec{a} = a_T \vec{T} + a_N \vec{N}$: $a_T = \dfrac{dv}{dt}$ et $a_N = \dfrac{v^2}{\rho}$. Le mouvement circulaire est un cas particulier du mouvement curviligne.

EXERCICES.

EXERCICE 1.
Les équations paramétriques (en unités SI) du mouvement d'un mobile se déplaçant dans un plan muni d'un repère $(O, \vec{\imath}, \vec{\jmath})$ sont (x = 3t ; y = $-4t^2$ + 5t).
1. rechercher l'équation cartésienne de la trajectoire.
2. donner les caractéristiques du vecteur vitesse lorsque le mobile passe par son ordonnée maximale y_{max}.
3. calculer l'abscisse du mobile lorsque celui – ci repasse par l'ordonnée y = 0.
4. calculer la valeur de la vitesse à la date t = 6s.

EXERCICE 2.
Sur l'axe X'X d'origine O, l'équation horaire de l'abscisse x d'un point mobile M est x(t) = $2t^3$ – 6t.
1. donner l'expression des composantes du vecteur vitesse de M à l'instant t.
2. donner l'expression des composantes du vecteur accélération de M à l'instant t.
3. déterminer les intervalles de temps pendant lesquels le mouvement est accéléré ou retardé.

EXERCICE 3.
On donne l'équation horaire d'un mobile M par rapport au repère $(O, \vec{\imath}, \vec{\jmath})$: (x = Acosωt ; Asinωt) avec A = 10 cm et ω = 10 rad.s^{-1}.
1. montrer que la valeur de la vitesse du mobile est constante et la calculer.
2. montrer que la valeur de son accélération est constante et la calculer.
3. quelle est la trajectoire du mobile ? la représenter. Que représente A ?
4. quels sont la direction et le sens du vecteur accélération ?

EXERCICE 4.
Les équations horaires des coordonnées cartésiennes d'un mobile sont : x(t) = t^2 +1 ; y(t) = t - 1 ; z(t) = 0.
1. Quelle est l'équation de la trajectoire du mobile ?
2. Donner les caractéristiques (composantes, module) du vecteur vitesse **v** du mobile à l'instant t.
3. Donner les caractéristiques (composantes, module) du vecteur accélération **a** du mobile à l'instant t.

EXERCICE 5.
À l'instant t = 0, un mobile se trouve en un point de coordonnées x_o et y_o (en cm). Sa vitesse est donnée par : $v_x(t) = v_o$ et $v_y(t)$ =2t (en cm/s).
1. donner les équations horaires x(t) et y(t).
2. En déduire l'équation de la trajectoire y = f(x), ainsi que le module de la vitesse de M.

EXERCICE 6.
Un voyageur arrive sur le quai de la gare à l'instant où son train démarre ; le voyageur, qui se trouve à une distance d = 25 m de la portière, court à la vitesse v_1 = 24 km/h. le train est animé d'un mouvement rectiligne d'accélération constante a = 1,20 m.s^{-2}.
1. le voyageur pourra – t –il rattraper le train ?
2. dans le cas contraire, à quelle distance minimale da portière parviendra-t-il ?

EXERCICE 7.
Une automobile se déplace sur une route rectiligne et horizontale. Sa position OM = x, par rapport à son point de départ, est donnée par l'équation x = 1,7.t^2 (x en m et t en s).
1. Trouver l'expression de la vitesse instantanée.

2. Calculer sa valeur pour t = 6 s et la distance parcourue.
3. Quelle est l'accélération de la voiture ?
4. Le mouvement est-il retardé, accéléré ?

EXERCICE 8.
Les équations paramétriques (en unités SI) du mouvement d'un mobile se déplaçant dans un plan muni d'un repère $(O, \vec{i}, \vec{j})$ sont (x = 3t ; y = $-4t^2 + 5t$).
1. rechercher l'équation cartésienne de la trajectoire.
2. donner les caractéristiques du vecteur vitesse lorsque le mobile passe par son ordonnée maximale y_{max}.
3. calculer l'abscisse du mobile lorsque celui – ci repasse par l'ordonnée y = 0.
4. calculer la valeur de la vitesse à la date t = 6s.

EXERCICE 9.
Une automobile démarre lorsque le feu passe au vert avec une accélération a = 2,5 m.s^{-2} pendant une durée θ = 7,0 s ; ensuite le conducteur maintient sa vitesse constante. Lorsque le feu passe au vert, un camion roulant à la vitesse v = 45 km/h, est situé à une distance d = 20 m du feu, avant celui – ci. Il maintient sa vitesse constante. Dans un premier temps, le camion va doubler l'automobile, puis dans une deuxième phase, celle ci va le dépasser. En choisissant comme origine des dates, l'instant où le feu passe au vert, et comme origine des espaces, la position des feux tricolores, déterminer :
1. les dates des dépassements ;
2. les abscisses des dépassements ;
3. les vitesses de l'automobile à ces instants.

EXERCICE 10.
Une rame de métro effectue un trajet entre deux stations. Partant de la première station, le conducteur lance sa rame avec une accélération de valeur a_1 = 0,85 m.s^{-2}. Au bout d'une durée $θ_1$, lorsqu'il juge la vitesse suffisante pour pouvoir atteindre l'autre station, le conducteur coupe définitivement le courant. Différentes causes ralentissent le mouvement qui s'effectue alors avec une accélération constante de valeur absolue : $|a_2| = 0,05$ m.s^{-2}. La rame s'arrête à la deuxième station séparée de la première par la distance d = 1500 m. calculer :
1. les durées $θ_1$ et $θ_2$ des deux phases du parcours ;
2. les longueurs l_1 et l_2 de ces deux phases ;
3. la vitesse maximale de la rame entre les deux stations.
4. sans justifier le tracé, et en utilisant les résultats des trois premières questions, représenter graphiquement les fonctions x = f(t), équation des espaces, ; v = g(t), équation des vitesses ; a = h(t), équation des accélérations.

EXERCICE 11.
Les équations paramétriques (en unités SI) du mouvement d'un mobile se déplaçant dans un plan muni d'un repère (O, $\vec{i}, \vec{j}$) sont (x = 3t ; y = $-4t^2 + 5t$).
1. Rechercher l'équation cartésienne de la trajectoire.
2. Donner les caractéristiques du vecteur vitesse lorsque le mobile passe par son ordonnée maximale y_{max}.
3. Calculer l'abscisse du mobile lorsque celui – ci repasse par l'ordonnée y = 0.
4. Calculer la valeur de la vitesse à la date t = 6s.

EXERCICE 12.
Les équations paramétriques (en unités SI) du mouvement d'un mobile se déplaçant dans un plan muni d'un repère $(O, \vec{i}, \vec{j})$ sont (x = 5t ; y = $3t^2 - 4t$).
1. rechercher l'équation cartésienne de la trajectoire.

2. calculer l'abscisse du mobile lorsque celui – ci repasse par l'ordonnée y = 0.
3. calculer la valeur de la vitesse du mobile en ce point.
4. déterminer les coordonnées du mobile à l'instant t = 4s ; quelle est alors sa vitesse ?
5. déterminer l'accélération du mobile aux points O, A et B dont les abscisses sont : $x_O = 0$, $x_A = 2$ m ; $x_B = 4$ m. conclusion.

EXERCICE 13.

Le plateau d'une platine de tourne disque de disc-jockey (DJ) est animé d'un mouvement circulaire uniforme, à raison de 33,3 tr.min^{-1}.

1. exprime les coordonnées du vecteur accélération dans la base de Frenet pour un point P du plateau situé à une distance r du centre du plateau.
   a) montrer que le vecteur accélération est centripète pour le point P.
   b) calculer la valeur de l'accélération pour r = 10 cm.
3. Le DJ freine le plateau. Lorsque la vitesse angulaire (vitesse de rotation) du plateau est égale à 10 tr.min^{-1}, l'accélération tangentielle du point P est égale à $2,0.10^{-5}$ m.s^{-2}. Calculer la valeur de l'accélération à cet instant.

Exercice 14.

Un mobile M décrit une trajectoire rectiligne munie d'un repère d'espace $(O, \vec{\imath})$; son vecteur accélération est constant pendant toute la durée du mouvement qui est fixée à $t_F = 5$ s. à l'instant $t_0 = 0$, le mobile part du point M_0, d'abscisse $x_0 = -0,5$ m, avec une vitesse $v_0 = -1$ m.s^{-1}. Puis, il passe au point M_1, d'abscisse $x_1 = +5$ m, avec la vitesse $v_1 = +4,7$ m.s^{-1}.

1. calculer l'accélération a du mobile.
2. calculer la date t_1 à laquelle le mobile passe par le point M_1.
3. donner l'équation horaire du mobile.
4. à la date T = 2s, un deuxième mobile M' part de l'abscisse x1 = +5 m, avec un mouvement rectiligne uniforme dont la vitesse est v' = 4 m.s^{-1}.
   a. calculer la date t_R de la rencontre des deux mobiles.
   b. Calculer l'abscisse x_R où aura lieu cette rencontre.
5. vérifier ces deux résultats à l'aide des représentations graphiques des équations horaires des deux mobiles.

2 - LES LOIS DE NEWTON.

BREF RAPPEL DU COURS
Les 3 lois de Newton s'énoncent ainsi qu'il suit :

a. La première loi encore appelée principe de l'inertie :

Dans un référentiel galiléen, le centre d'inertie d'un système isolé ou pseudo isolé est animé d'un mouvement rectiligne uniforme.

b. La deuxième loi encore appelée relation fondamentale de la dynamique.

Ce principe s'applique aux systèmes non isolés, c'est-à-dire lorsque $\sum \vec{F} \neq \vec{0}$ La quantité de mouvement n'est plus constante.

Dans un référentiel galiléen, la dérivée par rapport au temps du vecteur quantité de mouvement d'un solide est égale à la somme vectorielle des forces qui lui sont appliquées.

Cela se traduit par la relation $\sum \vec{F} = \dfrac{d\vec{p}}{dt}$. Cette relation est un principe qui ne se démontre pas. Elle est connue sous le nom de deuxième loi de Newton.

Le théorème du centre d'inertie est la relation fondamentale de la dynamique appliquée aux systèmes de masse constante. Dans ces conditions, $\sum \vec{F} = \dfrac{d\vec{p}}{dt} = \dfrac{d(M\vec{v})}{dt} = M\dfrac{d\vec{v}}{dt} = M\vec{a}$; on a donc :

$\sum \vec{F} = M\vec{a}$; a est le vecteur accélération. C'est la **dérivée par rapport au temps du vecteur vitesse** v ; sa norme s'exprime en **mètre par seconde au carré (m.s^{-2})**.

Enoncé du théorème : le centre d'inertie d'un système de masse totale M, soumis à des forces extérieures dont la somme est $\sum \vec{F}$, prend une accélération a telle que $\sum \vec{F} = M\vec{a}$.

C. La troisième loi encore appelée principe des actions réciproques.

Le principe des actions réciproques, encore appelé principe de l'action et de la réaction, ou troisième loi de Newton, s'énonce : si un corps A exerce sur un corps B une force F$_{A/B}$ (appelée action), simultanément, le corps B exerce sur le corps A une force F$_{B/A}$ (réaction) et ces deux forces ont la même direction et la même intensité, mais sont de sens contraires. F$_{A/B}$ = − F$_{B/A}$. pour les intensités on a F$_{A/B}$ = F$_{B/A}$. ce principe a été appliqué aux forces électrostatiques et aux forces électrostatiques.

Méthode de résolution des problèmes de dynamique.

1. définir précisément le système.
2. choisir un repère galiléen.
3. faire le bilan des forces extérieures qui agissent sur le système.
4. écrire le théorème du centre d'inertie.
5. projeter la relation ci-dessus sur des axes judicieusement choisis.
6. résoudre le système obtenu en tenant compte des conditions initiales.

EXERCICES

EXERCICE 1.

Une valise de masse m = 20 kg est entraînée à vitesse constante par un tapis roulant incliné d'un angle α = 30° par rapport à l'horizontale.

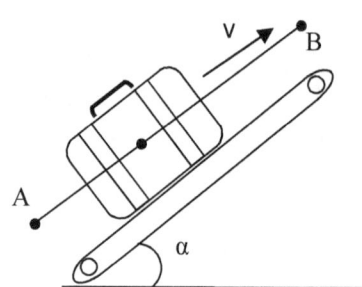

1. Faire le bilan des forces appliquées à la valise, la résistance de l'air étant négligée.
2. Représenter les forces agissant sur la valise. Quelle est la force motrice dans le référentiel terrestre ?
3. Calculer dans le référentiel terrestre, le travail du poids p et le travail de la force motrice pour un déplacement ab = 5 m du centre d'inertie de la valise.

EXERCICE 2.

Une brique B de masse M = 5 kg, posée sur une table horizontale, est entraînée par l'intermédiaire d'un fil inextensible de masse négligeable, par une charge C de masse m = 2 kg abandonnée sans vitesse. On suppose tous les frottements négligeables et on admet que les tensions des brins de fil, de part et d'autre de poulie, ont même valeur T.

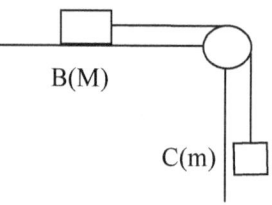

1. Calculer l'accélération a de la brique.
2. Calculer a tension du fil.
3. A la date t = 0, la charge c est située à 1 m au-dessus du sol et sa vitesse v_0 est nulle. Au bout de combien de temps la charge c touche-t-elle le sol ? Quelle est alors sa vitesse ?
On donne g = 9,8 m.s^{-2}.

EXERCICE 3.

Une automobile de masse M = 1100 kg descend en roue libre une cote rectiligne dont la pente est 8% (l'altitude diminue de 8 m lorsqu'on parcourt 100 m sur la route). Partie sans vitesse initiale, elle atteint la vitesse v = 65 km.h^{-1} après une durée t = 45,1 s.
1. Calculer l'accélération prise par l'automobile, si l'on suppose que le mouvement est uniformément accéléré.
2. Calculer la valeur de la force de frottement.
3. Quelle est la distance parcourue au cours de cette mesure ?
On donne g = 9,8 m.s^{-2}.

EXERCICE 4

Une automobile, assimilable à un solide de masse M = 1200 kg, gravit une route rectiligne de pente 10% à la vitesse constante v = 90 km.h^{-1}. En dehors du poids, aucune force ne s'oppose à l'avancement du véhicule. Calculer la valeur de la force motrice Fm.

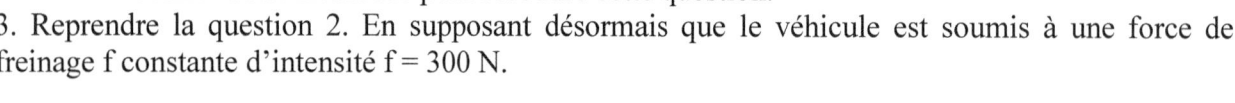

1. A une date que l'on choisit comme origine (t = 0), le moteur est coupé et la voiture poursuit son ascension en roue libre.
    a. À quelle date t_1 la voiture s'immobilise-t-elle ?
    b. Quelle distance x_1 a-t-elle parcouru depuis l'arrêt du moteur ? donner deux méthodes pour résoudre cette question.
3. Reprendre la question 2. En supposant désormais que le véhicule est soumis à une force de freinage f constante d'intensité f = 300 N.

EXERCICE 5.

Une poulie constituée par deux cylindres coaxiaux de rayon R = 20 cm et R'=10 cm peut tourner sans frottement autour d'un axe horizontal O. Le moment d'inertie de la poulie est $J_\Delta = 4,5 \times 10^{-3}$ kg.m². On enroule sur le cylindre C, de rayon R, un fil de masse négligeable à l'extrémité duquel est accrochée un solide (S) de masse m = 150g. Sur C', de rayon R', on enroule en sens contraire un fil avec un solide (S') de masse m' = 200g. Le système est abandonné sans vitesse initiale. La longueur des fils est telle que le mouvement n'est pas limité.

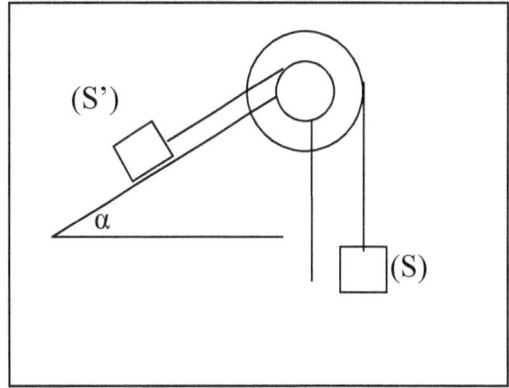

1. Dans quel sens la poulie se met-elle à tourner?
2. Quelles relations existe-t-il entre la vitesse de rotation de la poulie est les vitesses de translation des masses ?
3. A l'aide du théorème de l'énergie cinétique calculer les accélérations des masses m et m'.
4. La hauteur h de m a varié de 2 m. quel temps la masse m a-t-elle mis pour cela ? Quelle est la distance parcourue par m' pendant ce temps ?
5. Calculer les vitesses des masses et la vitesse angulaire de la poulie à l'instant correspondant à h = 2 m. Calculer l'énergie cinétique du système {poulie + masses} à cet instant – là.

On donne g = 9,8 m/s². α = 30°

EXERCICE 6.

On considère le système constitué de deux solides (S) et (S') de masses respectives M et M', suspendues par des fils inextensibles de masses négligeables, à une poulie à deux gorges de moment d'inertie J_Δ, et mobile autour de l'axe fixe Δ passant par son centre de symétrie O et perpendiculaire au plan de la figure, comme l'indique le schéma ci-contre. Les rayons des poulies sont R et R'. Le système est abandonné sans vitesse initiale alors que les centres d'inertie des deux masses sont à la même hauteur.

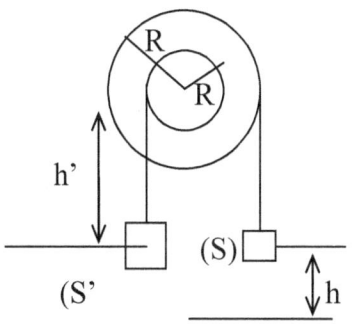

1. Dans quel sens la poulie se met-elle à tourner ?
2. Ecrire les relations entre la vitesse angulaire de la poulie et les vitesses linéaires des solides.
3. A l'aide du théorème de l'énergie cinétique, ou du théorème du centre d'inertie, trouver les accélérations des solides S et S'.
4. La hauteur h de S a varié de 2 m ; quel temps a-t-il mis pour cela ? Quelle est la hauteur h' parcourue par S pendant ce temps ?
5. Calculer l'énergie cinétique du système (poulie + masse) à l'instant correspondant à h = 2 m.

On donne M = 0,5 kg ; M' = 1 kg ; R = 50 cm ; R'= 20 cm ; h = 60 cm ; g = 9,8 N/kg ; J = 2,5 kg/m².

EXERCICE 7.

On étudie le mouvement d'un solide ponctuel S dans le référentiel terrestre supposé galiléen. Ce solide, de masse m, est initialement au repos en A. On lance sur la piste ACD, en faisant agir sur lui, le long de la partie AB de sa trajectoire, une force F horizontale et d'intensité F constante. On pose AB = l. (voir figure) la portion AC de la trajectoire est horizontale et la portion CD est un demi cercle de centre O et de rayon r ; ces deux portions sont dans le même plan vertical. On suppose que la piste ACD est parfaitement lisse et que la résistance de l'air est négligeable.

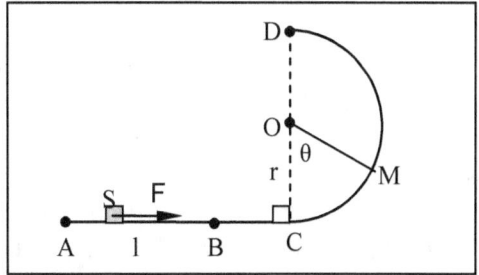

1. Déterminer, en fonction de F, l et m, la valeur v_B de la vitesse de S en B.
2. Au point M, défini par l'angle $(\overrightarrow{OC}, \overrightarrow{OM}) = \theta$, établir, en fonction de F, l, m, r, θ et g (g étant l'accélération de la pesanteur), l'expression de :
   a. la valeur v de la vitesse de S ;
   b. l'intensité R de la réaction $\vec{R}$ de la piste.
3. De l'expression de R, déduire, en fonction de m, g, r et l, la valeur minimale F_0 de F pour que S atteigne D. Calculer F_0 sachant que : m = 0,5 kg ; r = 1 m ; l = 1,5 m ; g = 9,8 m.s^{-2}.

EXERCICE 8

Un cube M de masse m = 1 kg, assimilable à un point matériel, glisse sur une piste formée de deux parties AB et BC (voir figure). AB et BC sont dans un même plan vertical. AB représente 1/6 de circonférence de centre I_1 et de rayon R = 15 m. Le point I_1 est situé sur la verticale de B. BC est une partie rectiligne de longueur l = 15 m. Le cube est lancé en A, vers le bas, avec une vitesse initiale $\overrightarrow{v_A}$ telle que v_a = 6 m.s^{-1}.

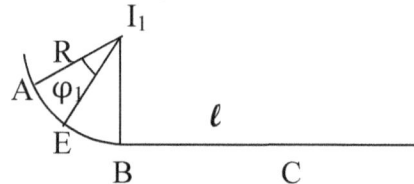

On néglige les frottements.
1. Calculer la vitesse en un point E défini par l'angle $\varphi_1 = (\overrightarrow{I_1 A}, \overrightarrow{I_1 E}) = \pi/6$ rad. Quelle est la valeur de la réaction $\vec{R}$ de la piste sur le cube en ce point ?
2. En fait, sur le trajet ABC existent des forces de frottement $\vec{f}$ tangente à la trajectoire, d'intensité supposée constante. Le mobile arrive en C avec une vitesse $\overrightarrow{v_C}$. Calculer l'intensité f sachant que v_C = 12,5 ms^{-1}.
On donne g = 9.8 m.s^{-2}.

EXERCICE 9. THEOREME DE L'ENERGIE CINETIQUE ET DEUXIEME LOI DE NEWTON.

Un petit esquimau, assimilable à un solide S de masse m, glisse sur le toit d'un igloo hémisphérique de rayon R et de centre O. il part du sommet A sans vitesse initiale et se déplace sans frottement le long d'un arc de cercle. La position de S est repérée par l'angle θ = (OA, OS).

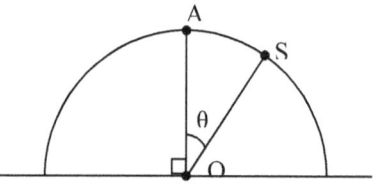

1. en appliquant le théorème de l'énergie cinétique, trouver une relation entre v, g, R et θ.
2. appliquer la deuxième loi de Newton au solide ponctuel S.
3. déterminer la position du solide au moment où il quitte la sphère. Quelle est alors sa vitesse ? on donne g = 9,8 m.s^{-2}, et R = 1 m.

EXERCICE 10.

On considère le montage ci-contre. Le solide (S_1) a pour masse m_1 et le solide (S_2) pour masse m_2. On néglige les frottements.

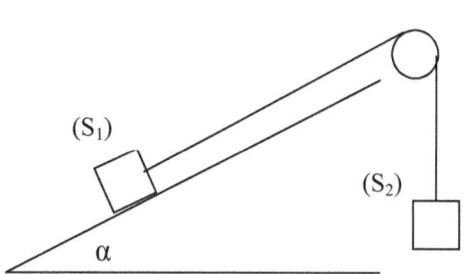

1. trouver la relation entre m_1 et m_2 lorsque l'ensemble est en équilibre.

Le système n'est plus en équilibre. On l'abandonne sans vitesse initiale.

2. en appliquant le théorème de l'énergie cinétique, trouver l'accélération de l'ensemble lorsqu'on néglige la masse de la poulie
3. on tient compte de la masse de la poulie, qui a pour rayon R, et pour moment d'inertie J_Δ ; trouver l'accélération de l'ensemble, en appliquant le théorème du centre d'inertie.

EXERCICE 11. PENDULE CONIQUE. 3 PTS

Un solide métallique de faibles dimensions et de masse M = 20 g est suspendu à l'extrémité d'un fil de masse négligeable et de longueur l = 50 cm. L'autre extrémité du fil est fixée en un point O d'un axe vertical Δ. Lorsque cet axer tourne à une vitesse angulaire suffisante, le fil s'incline et le centre d'inertie G du solide prend un mouvement circulaire uniforme sur le cercle de centre I et de rayon r (voir figure).

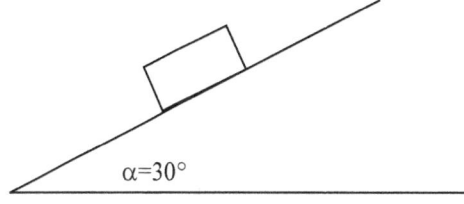

1. Déterminer la mesure de l'angle α formé par le fil et la verticale lorsque la vitesse angulaire vaut ω = 7,33 rad.s^{-1}. on prendra g = 9,8 m.s^{-2}.
2. Calculer, dans ces conditions, la tension T du fil.
3. Quelle est la valeur minimale $ω_m$ de la vitesse angulaire qui permet a pendule de prendre une inclinaison par rapport à la verticale ?

EXERCICE 12. *BAC C 2009 Cameroun*

Un solide homogène de masse m = 100 g est abandonné sans vitesse initiale au sommet d'un plan incliné d'angle α = 30° par rapport à l'horizontale (voir figure 1).
A la fin de la descente, son énergie cinétique E_C vaut 12,8 J. les frottements sur le plan sont équivalents à une force unique de module égal au dixième du poids du solide. On prendra g = 10 m.s^{-2}.

Figure 1

1. Exprimer puis calculer le module a_G du vecteur accélération du centre d'inertie G du solide.
2. Ecrie l'équation horaire du mouvement du centre d'inertie. On prendra pour origine des dates la date de départ et pour origine des espaces le point de départ.
3. Calculer la durée du mouvement.
4. Calculer la distance d parcourue.

3 - MOUVEMENTS DE PROJECTILES DANS LE CHAMP DE PESANTEUR

BREF RAPPEL DU COURS

L'équation de la trajectoire, d'un projectile dans le champ de pesanteur s'écrit :
$$z = -\frac{1}{2}\frac{g}{v_o^2 \cos^2 \alpha} x^2 + x \tan \alpha$$; c'est l'équation d'une parabole.

Portée du tir : c'est le point d'impact du projectile au sol, c'est-à-dire lorsque $z=0$
$$-\frac{1}{2}\frac{g}{v_o^2 \cos^2 \alpha} x^2 + x \tan \alpha = 0$$; cette équation a deux solutions :
- $x=0$; c'est le l'origine, avant le tir du projectile ;
- $x = \frac{2v_o^2 \sin \alpha \cos \alpha}{g} = \frac{v_o^2 \sin 2\alpha}{g}$

La portée est maximale pour $\sin 2\alpha = 1$, soit $\alpha = 45°$; la portée maximale est obtenue pour **α = 45°**
Hauteur maximale atteinte, encore appelée **flèche**.
C'est le point où la composante verticale s'annule avant de changer de sens ; $v_z = -gt_F + v_o \sin \alpha = 0$,
ce qui donne $t_F = \frac{v_o \sin \alpha}{g}$; lorsqu'on remplace dans z, on obtient $z_F = \frac{v_o^2 \sin^2 \alpha}{2g}$.

Attention ! Ces formules, obtenues à de certaines conditions initiales bien précises, ne sont pas faites pour être apprises par cœur ; il faut savoir les établir. En effet les conditions initiales dans certains exercices peuvent être différents de celles à partir des quelles les formules ci-dessus ont été obtenues. Ainsi prêtez une attention particulière à l'orientation du vecteur vitesse initial, et à l'orientation des axes.

EXERCICES.

Exercice 1.

Un cascadeur veut sauter avec sa voiture sur la terrasse horizontale EF d'un immeuble. (cf schéma). Il utilise un tremplin BOC formant un angle α avec le sol horizontal et placé à la distance CD de l'immeuble (OC et DE sont des parois verticales). La masse du système (automobile + pilote) est égale à une tonne. On étudiera le mouvement du centre d'inertie G de l'ensemble. Pour simplifier le problème, on considérera les frottements comme inexistants dans la phase aérienne et on admettra qu'à la date initiale le centre d'inertie G quitte le point O avec

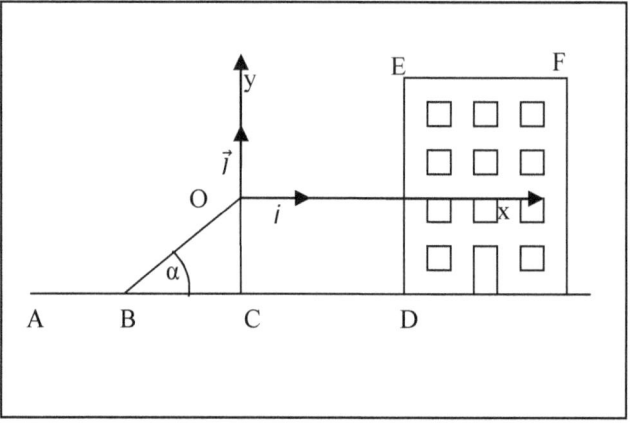

la vitesse v_o et qu'il est confondu avec le point E à l'arrivée. On donne g = 10 m.s^{-2}.
1. établir dans le repère $(O, \vec{i}, \vec{j})$ (cf. schéma : Ox parallèle à CD), l'équation de la trajectoire du centre d'inertie G entre O et E.
2. calculer la vitesse initiale v_o en m.s^{-1} et en km.h^{-1}, ainsi que l'angle α, pour que le système arrive en E avec un vecteur vitesse v_E horizontal. On donne CD = 15,0 m ; DE = 10,0 m ; OC = 8,0 m.

3. calculer la vitesse v_E à l'arrivée de l'automobile en E.
4. en considérant qu'une fois sur la terrasse, les frottements sur l'automobile sont équivalents à une force constante f parallèle au déplacement et d'intensité 500 N, calculer l'intensité de la force de freinage f' qui permettra au véhicule de s'arrêter après un trajet EF = L = 100 m

Exercice 2.

Un alpiniste mal assuré sur un rocher A désire « penduler « pour gagner une plateforme B plus confortable. Pour cela, il se laisse partir dans le vide, sans vitesse initiale, suspendu à sa corde fixée en un point I par son compagnon de cordée. On donne g = 10 m.s^{-2} ; on néglige l'action de l'air ; l'alpiniste a une masse de 80 kg ; son centre d'inertie est G, et IG = l = 10 m, et on néglige la masse de la corde devant la masse de l'alpiniste ; l'angle que fait la corde avec la verticale est $\alpha = 40°$ lorsque l'alpiniste se laisse « penduler ».

1. quelles sont les caractéristiques du vecteur vitesse v_o du point G de l'alpiniste lorsque celui-ci repasse par la verticale de I en O ? déterminer v_o numériquement.
2. quelle est la tension de la corde quand G est en O ? donner sa valeur numérique.
3. au moment où l'alpiniste passe par la verticale, un objet mal fixé quitte le sac ; il tombe jusqu'au glacier situé à h = 250 m plus bas. On suppose que le centre d'inertie G' de l'objet commence son mouvement en O avec la vitesse v_o.
    a. établir l'équation de a trajectoire du centre d'inertie G' de l'objet dans le repère (Ox, Oy)
    b. à partir de quelle distance de la verticale passant par O, le centre de l'objet touche-t-il le glacier ?

Exercice 3.

Un skieur parcourt une côte inclinée d'un angle $\alpha=40°$ sur l'horizontale. Au sommet O de cette côte, sa vitesse a pour valeur $v_o=12$ m.s^{-1}. après le point O se présente une descente inclinée d'un angle $\beta=45°$ sur l'horizontale. Le skieur accomplit un saut et reprend contact avec la piste en un point C (voir figure). Déterminer :

1. la nature de la trajectoire correspondant au saut du skieur ;
2. les coordonnées du point C dans le repère $(O, \vec{i}, \vec{j})$ indiqué sur la figure ;
3. la longueur OC ;
4. la durée du saut.

On prendra g = 10 m.s^{-2} et on négligera la résistance de l'air. La masse du skieur n'est pas donnée car elle s'élimine dans les calculs. On étudiera le mouvement du centre d'inertie du skieur.

Exercice 4. JOUEUR DE TENNIS.

Dans tout l'exercice, la balle de tennis sera assimilable à un point matériel. On négligera la résistance de l'air sur la balle et l'on supposera la surface de jeu parfaitement horizontale. Un joueur de tennis, situé dans la partie I du court, tente de lober son adversaire (faire passer la balle au dessus de ce dernier).
Celui-ci est situé à une distance d = 2,00 m derrière le filet, dans la partie II du court, juste en face du joueur. Le joueur

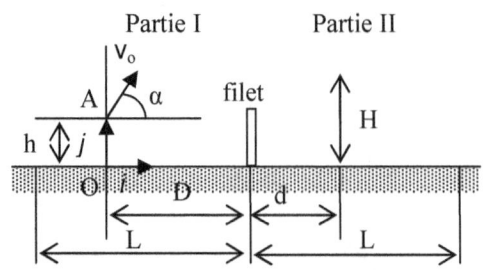

frappe la balle alors que celle-ci est en A, à la distance D = 9,00 m du filet et à la hauteur h = 0,50 m au dessus du sol. La balle part avec une vitesse v_o (v_o = 12,0 ms^{-1}) inclinée d'un angle α = 60° par rapport au sol, dans le plan perpendiculaire du filet.

1. Etablir, dans le repère $(O, \vec{i}, \vec{j})$, l'équation littérale de la trajectoire de la balle, après le choc sur la raquette.
2. En utilisant les valeurs numériques du texte, écrire l'équation y(x). Elle sera utilisée pour résoudre la suite de cet exercice.
3. L'adversaire tient sa raquette à bout de bras, et, en sautant, elle atteint au maximum la hauteur H = 2,50 m par rapport au sol. Peut-il intercepter la balle ? Quelle distance sépare alors la balle de l'extrémité supérieure de la raquette ?
4. La ligne de fond étant à la distance L = 12,0 m du filet, la balle peut-elle tomber dans la surface de jeu ? autrement dit, le lob est-il réussi ?

Exercice 5. BASKET-BALL

On étudie la trajectoire du centre d'inertie d'un ballon de basket-ball lancé par un joueur. On ne tiendra compte ni de la résistance de l'air, ni de la rotation éventuelle du ballon. Le lancer est effectué vers le haut ; on lâche le ballon lorsque son centre d'inertie est en A (voir schéma). Sa vitesse initiale est représentée par un vecteur v_o situé dans le plan vertical $(O, \vec{i}, \vec{j})$ et faisant un angle α avec l'axe horizontal (Ox).

1. établir les équations paramétriques d'un mouvement du centre d'inertie d'un ballon. En déduire l'équation de la trajectoire.
2. calculer la vitesse initiale du ballon, pour que celui-ci (le centre d'inertie du ballon) passe exactement au centre du cercle, panier de centre C.
3. un défenseur BD, placé entre l'attaquant et le panneau du basket, saute verticalement pour intercepter le ballon ; l'extrémité de sa main se trouve en B à l'altitude h_B = 3,10 m. à quelle distance horizontale maximale d' de l'attaquant doit-il se trouver pour toucher le ballon du bout des doigts ?

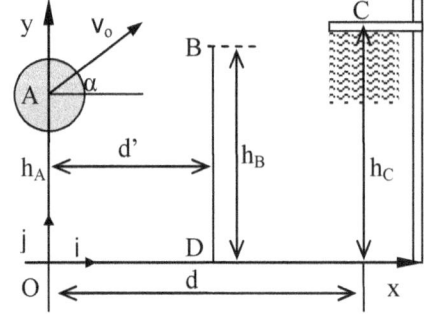

Données : g = 9,8 m.s^{-2} ; α = 40° ; diamètre du ballon = 25 cm ; h_A = 2,40 m ; h_B = 3,10 m ; h_C = 3,05 m ; d = 6,25 m.

Exercice 6.

Un mobile de masse m peut glisser sans frottement sur un plan incliné d'un angle β par rapport à l'horizontale. Lancé avec un vecteur vitesse initiale $\vec{v_o}$ faisant un angle α avec le plan horizontal, il est animé d'un mouvement de translation.

1. effectuer le bilan des forces appliquées au solide.
2. soit un repère orthonormal $(O, \vec{i}, \vec{j}, \vec{k})$ avec :
- $\vec{i}$ horizontal et $(\vec{v_o}, \vec{i}) = \alpha$;

- $\vec{j}$ parallèle aux lignes de plus grande pente et orienté vers le haut ;
- O la position initiale du centre d'inertie.
    a. Établir les équations horaires du mouvement dans ce repère.
    b. En déduire l'équation de la trajectoire du centre d'inertie.
    c. Indiquer la nature de la trajectoire.
3. À quelle date le centre d'inertie est-il au sommet de sa trajectoire ?
4. Quelles sont alors ses coordonnées ?

On donne : $\beta = 20°$; $\alpha = 40°$; $v_0 = 2,0$ m/s.

Exercice 7.

Tiré par un remonte pente, un skieur de masse m = 80 kg gravit une piste rectiligne, inclinée d'un angle $\alpha = 30°$ par rapport au plan horizontal, d'un mouvement qui comporte deux phases : une phase uniformément accélérée, sans vitesse initiale, d'accélération a = 0,25 m.s^{-2} ; une phase uniforme à vitesse constante v = 2 m/s.

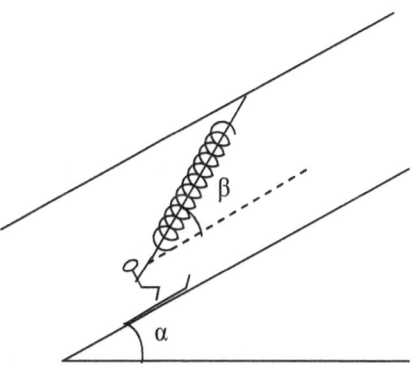

1. calculer les durées respectives de ces deux phases, sachant que la distance totale parcourue est d= 500m. 1
2. le skieur est lié à un câble tracteur par une tige métallique, T et par un ressort R, tous deux de masse négligeable. La tige fait un angle constant $\beta = 30°$ avec la ligne de plus grande pente de la piste inclinée. Calculer pendant les deux phases du mouvement, les tensions respectives du ressort R, en admettant l'existence d'une force de frottement au contact du sol, dont l'intensité est 25 N et dont la direction est parallèle à celle de la ligne de plus grande pente de la piste. 1
3. Au moment où il se libère, de la tige T qui le tire, le skieur arrive sur une piste horizontale sur laquelle il effectue un mouvement rectiligne uniformément retardé de vitesse v = 2 m/s. au bout de combien de temps et après avoir parcouru quelle distance s'arrête – t –il, sachant que la force de frottement est alors de 40 N ? 1
4. Le skieur descend, en suivant la ligne de plus grande pente, une piste rectiligne de longueur 20 m, inclinée d'un angle $\alpha_1 = 45°$ par rapport à l'horizontale. Calculer la vitesse du skieur au bas de la pente, sachant qu'il est parti sans vitesse initiale et que la force de frottement est nulle. 1
5. Lorsque la vitesse est de 7 m/s, le skieur aborde un virage horizontal de 5 m de rayon, sur un tronçon de piste verglacée où la force de frottement est nulle ; de quel angle la piste doit – elle être relevée à cet endroit pour que le virage horizontal soit possible sans dérapage ? 1

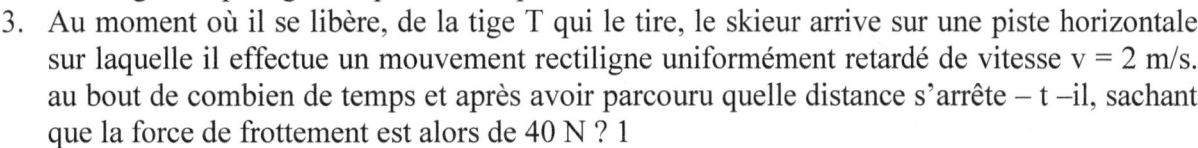

6. Au cours de la descente, le skieur rencontre un tronçon de piste rectiligne AB qui remonte en faisant un angle constant $\alpha = 30°$ avec le plan horizontal. En B se produit une brusque rupture de pente, et le tronçon BC fait un angle constant $\alpha_1 = 45°$ avec le plan horizontal. Arrivant en B avec une vitesse de 14 m/s, le skieur effectue un saut. Situer le point D de BC où le skieur reprend contact avec la piste et calculer sa vitesse à cet instant. 3

Dans tout le problème on prendra g = 9,8 m/s^2.

Exercice 8.

Un skieur glisse sur une piste horizontale DA à vitesse constante. En A, commence une portion de piste circulaire de rayon r = BA (B est à la verticale de A). Les frottements sont négligés et on admet que le skieur assimilable à un point matériel dont la trajectoire suit la forme de la piste. (voir figure).

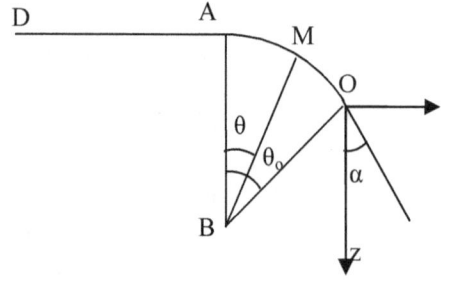

1. établir l'expression littérale de la vitesse de M en fonction de l'angle θ=ABM et de la vitesse v_A.
2. montrer que le skieur quitte la piste circulaire en un point O pour lequel il est demandé le calcul de l'angle θ (noté $θ_0$). A.N. $v_A = 10$ m.s^{-1} ; BA = R = 20 m ; g = 10 m.s^{-2}.
3. au même point O commence une troisième portion de piste rectiligne faisant un angle α = 45° avec la verticale. Dans le repère Oxz, donner l'équation de la trajectoire de M. déterminer la distance OC correspondant au point de rencontre du skieur avec la piste de réception.

Exercice 9.

Un obus de masse m = 1,6 kg est lancé dans le plan vertical du repère $(O, \vec{i}, \vec{k})$ (voir figure) à partir du point O avec un vecteur vitesse $\vec{v}_0$ faisant avec l'axe $(O, \vec{i},)$ un angle de mesure α positive. La valeur v_0 est fixée dans tout le problème à 200 m/s. On admettra que les conditions réunies autorisent à négliger la résistance de l'air et on prendra g = 10 m.s^{-2}.

1. Démontrer les relations donnant les coordonnées x et z du centre d'inertie G du projectile, en fonction du temps t écoulé depuis le lancement, et de g, v_0 et α.
    a. Donner l'équation littérale de la trajectoire de G dans le repère $(O, \vec{i}, \vec{k})$.
2. On donne à α la valeur $α_1 = 55°$. Déterminer la position P atteinte par le projectile lorsqu'il arrive sur l'axe horizontal $(O, \vec{i},)$.

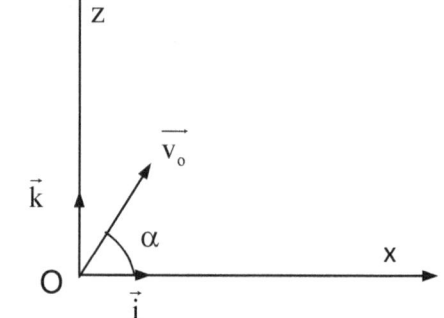

   a. Montrer qu'il existe une deuxième valeur de α, notée $α_2$, telle que le projectile arrive également en P.
   b. Pour quelle valeur de α la portée est-elle maximale ?
3. Calculer la hauteur maximale atteinte, aussi appelée flèche du tir.
    a. Pour quelle valeur de α la flèche du tir est-elle maximale ? Que pensez-vous de cette condition de tir ?
4. Calculer la durée du tir.
    a. Calculer la vitesse du projectile en arrivant en P.

Exercice 10 :

On négligera tous les frottements et on prendra g = 10 m/s^2.
La piste de lancement d'un projectile M comprend une partie rectiligne horizontale ABC et une portion circulaire CD, centrée en O, de rayon R = 1m, d'angle au centre α = 60° et telle que OC est perpendiculaire à AC (voir figure). Le projectile M, assimilable à un point matériel de masse m = 0,5 kg,

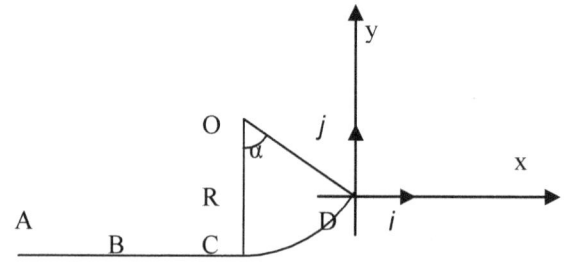

est lancé suivant AB = 1m avec une force **F** constante, horizontale, ne s'exerçant qu'entre A et B.

1. quelle intensité minimale faut-il donner à **F** pour que le projectile quitte la piste en D ?
2. avec quelle vitesse V_D le projectile quitte-t-il la piste en D quand F = 150N ? donner alors l'équation de la trajectoire dans un repère orthonormé d'origine D $(D, \vec{i}, \vec{j})$, Dx

parallèle à ABC. En déduire la hauteur maximale atteinte au dessus de l'horizontale ABC
3. quelle est l'intensité de la force exercée par le projectile sur la piste au moment de quitter la piste en D avec la vitesse précédente ?

Exercice 11 : La Fronde.

Une fronde est constituée de deux cordelettes inextensibles retenant un projectile de masse M = 100 g, supposé ponctuel. Elle est maniée par le lanceur de manière qu'elle décrive un cercle vertical de centre Ω et de rayon R, à la vitesse angulaire ω constante.

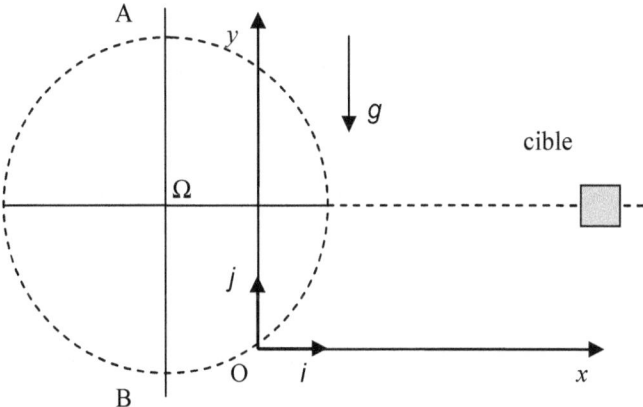

1. Sachant que la fronde tourne à une vitesse constante N = 100 tours par minute, en appliquant la 2è loi de Newton, calculer la valeur de la tension exercée par l'ensemble des deux cordelettes aux points A et B précisées sur le schéma.

2. Le lanceur lâche brusquement le projectile en libérant une cordelette au moment où celui-ci passe par le point O. Les cordelettes font un angle de 45° par rapport à la verticale.

3. 1. Établir l'équation de la trajectoire du projectile dans le repère $(O, \vec{i}, \vec{j})$. (Ox horizontal, dirigé dans le sens du mouvement et (Oy vertical ascendant.

3.2. En déduire la distance à laquelle doit se trouver une cible ponctuelle, située dans le même plan horizontal que le point Ω, pour être atteinte.

Plusieurs solutions sont – elles possibles ? Expliquer. On donne g = 10 m.s^{-2} ; R = 0,80 m

4 - MOUVEMENTS DE PARTICULES CHARGEES DANS LES CHAMPS ELECTRIQUE ET MAGNETIQUE.

BREF RAPPEL DU COURS

Particule chargée dans un champ électrique.

L'équation de la trajectoire de la charge q dans un champ électrique d'intensité E s'écrit :
$y = -\dfrac{1}{2}\dfrac{qE}{mv_o^2}x^2$ avec $0 \leq x \leq L$.

- Durée t_1 de passage entre les plaques : à la sortie, x = L en remplaçant, cela donne $L = v_o t_1$ $\Rightarrow t_1 = L/v_o$.
- Coordonnées du point de sortie : $x_S = L$ et $y_S = -\dfrac{1}{2}\dfrac{qE}{mv_o^2}L^2$.
- Caractéristiques du vecteur vitesse au point de sortie.

$$\overrightarrow{v_S} \begin{vmatrix} v_x = v_o \\ v_y = -\dfrac{qEL}{mv_o} \\ v_z = 0 \end{vmatrix} \Rightarrow v_S = \sqrt{v_o^2 + \left(\dfrac{qEL}{mv_o}\right)^2}$$

- **Déviation électrostatique** : à la sortie du champ, la particule n'est plus soumise à aucune force. D'après le principe de l'inertie, sa trajectoire est une droite, de même direction que $\overrightarrow{v_S}$. L'angle α formé par la direction de $\overrightarrow{v_o}$ et celle de $\overrightarrow{v_S}$ est appelée déviation électrostatique. On peut la déterminer de deux manières :

$\tan\alpha = \dfrac{v_{ys}}{v_{xs}} = -\dfrac{qEL}{mv_o^2}$; on peut aussi dériver l'équation de la trajectoire et faire x = L.

- **Déflexion électrostatique** : c'est la distance NI. Les coordonnées du point d'impact I sur l'écran sont : $\overrightarrow{OI}\begin{vmatrix} x_I = L + D \\ y_I = NH + HI \end{vmatrix}$ $NH = y_S = -\dfrac{qEL^2}{2mv_o^2}$ avec $\tan\alpha = \dfrac{HI}{HS} \Rightarrow HI = D\tan\alpha$

$HI = -\dfrac{DqEL}{mv_o^2} \Rightarrow y_I = -\dfrac{qEL}{mv_o^2}\left(D + \dfrac{L}{2}\right)$ en remplaçant $E = U_{AC}/d$, on obtient finalement

$y_I = -\dfrac{qL}{mv_o^2}\left(D + \dfrac{L}{2}\right)U_{AC}$; y_I est proportionnel à U_{AC}.

Particule chargée dans un champ magnétique.

La force de Lorentz $\overrightarrow{F}$ est contenue dans le plan xOy et elle est :

- perpendiculaire à $\overrightarrow{B}$;
- perpendiculaire à $\overrightarrow{v_o}$ qui est tangente à la trajectoire en tout point ; elle est donc normale à la trajectoire ; sa direction et son sens sont ceux du vecteur $\overrightarrow{N}$ de la base de Frenet.

La trajectoire de la particule est donc **plane.**
La force de Lorentz vaut $\overrightarrow{F} = |q|v_o B\overrightarrow{N}$ et d'après le TCI, $\overrightarrow{F} = m\overrightarrow{a}$

$m\vec{a} = |q|v_o B \vec{N} \Rightarrow \vec{a} = \dfrac{|q|v_o B}{m}\vec{N}$ d'autre part, $\vec{a} = a_T \vec{T} + a_N \vec{N}$ avec $a_T = \dfrac{dv}{dt}$ et $a_N = \dfrac{v^2}{R}$. Par identification, on obtient :

- $\dfrac{dv}{dt} = 0 \Rightarrow v = $ constante donc le mouvement de la particule est uniforme.
- $\dfrac{v^2}{R} = \dfrac{|q|v_o B}{m} \Rightarrow R = \dfrac{mv_o}{|q|B}$; le rayon de la trajectoire est constant : c'est un mouvement circulaire.

La période T du mouvement est tel que $v_o T = 2\pi R \Rightarrow \boxed{T = 2\pi \dfrac{m}{|q|B}}$ et la pulsation $\omega = \dfrac{2\pi}{T} \Rightarrow \omega = \dfrac{|q|B}{m}$.

Le centre I de la trajectoire est le point I tel que OI = $\boxed{R = \dfrac{mv_o}{|q|B}}$.

Dans un champ magnétique uniforme, $\vec{B} \perp \vec{v_o}$, une particule chargée a un mouvement circulaire uniforme.

Remarque : le produit mv_o est égal à la quantité de mouvement p ; on peut donc écrire $\boxed{R = \dfrac{p}{|q|B}}$.

(Riz = poisson sur cube).
A la sortie du champ magnétique, la particule n'est plus soumise à aucune force : son mouvement est rectiligne uniforme d'après le principe de l'inertie.

La **déviation angulaire** est l'angle entre la tangente à la trajectoire au point O et la tangente à la trajectoire au point M. α = OM/R. pour une faible déviation, OM ≈ l ⇒ α = l/R = $\dfrac{1}{R} = \dfrac{l|q|B}{mv_o}$.

La **déflexion magnétique** O'P se calcule de la manière suivante : $\tan\alpha \approx \alpha \approx \dfrac{O'P}{D} = \dfrac{l|q|B}{mv_o} \Rightarrow O'P = D\dfrac{l|q|B}{mv_o}$. La déflexion magnétique est proportionnelle à l'intensité du champ magnétique qui la produit.

Attention ! Ces formules, obtenues à de certaines conditions initiales bien précises, ne sont pas faites pour être apprises par cœur ; il faut savoir les établir. En effet les conditions initiales dans certains exercices peuvent être différents de celles à partir des quelles les formules ci-dessus ont été obtenues. Ainsi prêtez une attention particulière à l'orientation du vecteur vitesse initial, et à l'orientation des axes.

EXERCICES.

Exercice 1. PRINCIPE D'UN SPECTROMETRE DE MASSE.

On se propose de séparer des noyaux d'hélium $^3_2He^{2+}$, de masse $m_1 = 5{,}01.10^{-27}$ kg et des noyaux d'hélium $^4_2He^{2+}$, de masse $m_2 = 6{,}65.10^{-27}$ kg. Ces noyaux pénètrent en E avec une vitesse considérée comme nulle. Ils y sont accélérés par une tension U = $V_E - V_S$ établie entre les plaques d'entrée et de sortie. En S, ils

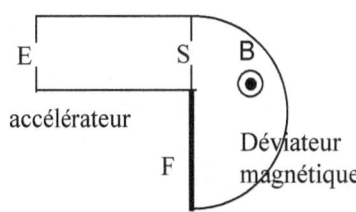

quittent l'accélérateur avec la vitesse acquise, perpendiculaire à la plaque de sortie, et entrent dans le déviateur magnétique. Dans ce dernier, ils sont soumis à un champ magnétique uniforme B perpendiculaire au plan du schéma. Ils sont enfin reçus sur un écran fluorescent F.

1. exprimer, en fonction de e et U, la vitesse v_1 d'un ion m_1 et la vitesse v_2 d'un ion de masse m_2.
2. dans le déviateur magnétique, les trajectoires des noyaux sont des demi circonférences.
    a. Donner l'expression littérale de leurs rayons R_1 et R_2 en fonction de m_1 ou m_2, e, U et B.
    b. Calculer numériquement R_1 et R_2. on donne B = 0,5 T ; U = 10 kV.
3. A_1 désigne le point d'impact des noyaux $_2^3\text{He}^{2+}$ sur l'écran et A_2 celui des noyaux $_2^4\text{He}^{2+}$. Calculer la distance A_1A_2.

Exercice 2. FILTRE DE VITESSE. 4 pts.

Un faisceau de particules électrisées positivement pénètre avec un vecteur vitesse $\vec{v}$ horizontal entre deux plaques conductrices A et B, parallèles, horizontales et distantes de d. On établit entre les plaques une tension U telle que le champ électrique $\vec{E}$ soit orienté vers le haut. Dans cette région de l'espace règne aussi un champ magnétique uniforme $\vec{B}$ orthogonal à $\vec{v}$.

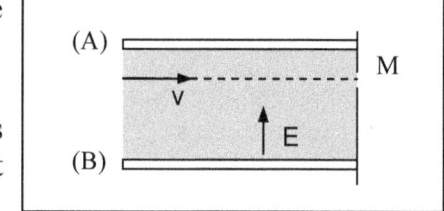

1) déterminer à quelle condition le faisceau de particules traverse le dispositif en ligne droite (ce qui lui permet d'atteindre l'orifice M).
    a) le vecteur champ électrostatique $\vec{E}$ ayant la direction et le sens indiqués sur le schéma, préciser le vecteur $\vec{B}$ satisfaisant à cette condition et le représenter.
    b) calculer v_0 lorsque B = 0,1 T et E = 10^4 V.m^{-1}.
2) Le faisceau n'est plus constitué de particules identiques de particules identiques, mais par des ions hélium $_2^4\text{He}^{2+}$ et $_2^3\text{He}^{2+}$, de masses respectives $m_1 = 6,65.10^{-27}$ kg et $m_2 = 5,01.10^{-27}$ kg, préalablement accélérés à partir d'une vitesse nulle par une même tension U_0.
    a) Le champ magnétique ayant toujours pour valeur B = 0,1T, montrer qu'en choisissant convenablement U on peut recueillir en M l'un ou l'autre des isotopes.
    b) Soit U_1 = 100V la valeur de U qui permet de recueillir en M les ions $_2^4\text{He}^{2+}$. Exprimer la valeur U_2 de U qui permet de recueillir les ions $_2^3\text{He}^{2+}$ en M en fonction de U_1, m_1 et m_2. calculer U_2.

Exercice 3. ETUDIER LE PRINCIPE DU CYCLOTRON. 5 pts.

Une particule de masse m et de charge q, pénètre en O, avec une vitesse négligeable, dans un espace (E) où règne un champ électrique E (voir schéma). Cet espace est limité par deux grilles planes (P_1) et (P_2), assimilables à deux plaques métalliques distantes de d. On applique entre ces plaques une tension électrique $U_{P_1P_2}$ positive. La particule se déplace de O en K où elle arrive avec une vitesse v_0. De part et d'autre des grilles règne un champ magnétique B uniforme et constant, perpendiculaire au plan de la figure. La particule pénètre au point K dans la région I avec la vitesse v_0 précédente. Elle décrit alors une trajectoire circulaire (C_1).

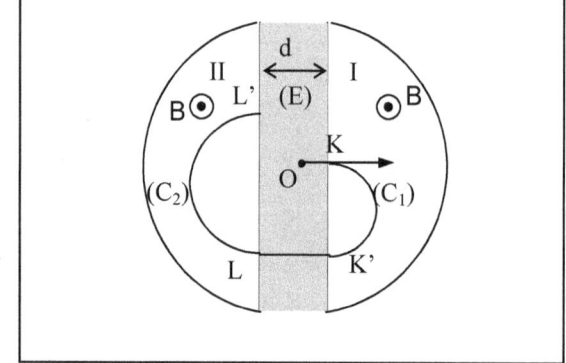

1. a. quel est le rôle du champ magnétique B ? 0,5
   b. exprimer l'énergie cinétique de la particule en K' en fonction de m et v_0. 0,5

c. exprimer le rayon R_1 de la trajectoire (C_1) en fonction de m, q, v_o et B. 0,5

2. lorsque la particule est dans l'espace I, le signe de la tension $U_{P_1P_2}$ change. Entre (P_1) et (P_2), la particule est alors animée d'un mouvement rectiligne uniformément accéléré suivant la trajectoire K'L. Exprimer son énergie cinétique en L en fonction de m, q, v_o, et $U_{P_1P_2}$. Quel est l'intérêt du passage de la particule dans la zone (E) ? 1

3. la particule décrit ensuite la trajectoire circulaire (C_2).

   a. exprimer le rayon R_2 de la trajectoire (C_2) en fonction de m, q, v_o, B et U. vérifier que R_2 est supérieur à R_1. 1

   b. exprimer la durée du demi-tour LL' et la comparer à la durée du demi-tour KK'. 0,5

   c. en déduire la fréquence de la tension de la tension alternative $U_{P_2P_1}$. 0,5

4. établir l'expression $E_{Kmax} = \dfrac{q^2 B^2 R_{max}^2}{2m}$ 0,5

Exercice 4. LA FORCE DE LORENTZ.

Un proton émis par le soleil pénètre verticalement dans le champ magnétique terrestre à la vitesse v = $1,4.10^7$ m.s^{-1}. Le vecteur champ magnétique terrestre $\vec{B}$ a pour intensité B= $4,8\ 10^{-5}$T. L'angle aigu que forment les directions des vecteurs $\vec{B}$ et $\vec{v}$ est égal à $\alpha = 50°$.

1. calculer la force magnétique agissant sur le proton.
2. le pois du proton est – il négligeable devant cette force ?

Données : masse du proton : $1,67.10^{-27}$ kg ; charge du proton : e= $1.6\ 10^{-19}$ C ; accélération de la pesanteur g = 9,8 m.s^{-2}.

Exercice 5. DEFLEXION DE PROTONS.

Un condensateur plan est constitué de deux plaques métalliques parallèles rectangulaires, horizontales A et B, de longueur L et séparées par une distance d. On raisonnera dans le repère orthonormé $(O, \vec{i}, \vec{j}, \vec{k})$. le point O est équidistant des deux plaques. Un faisceau homocinétique de protons de masse m, émis en C à vitesse négligeable, est accéléré entre les points C et D, situés dans le plan $(O, \vec{i}, \vec{j})$. Il pénètre en O, en formant un angle α avec i, dans le champ électrique E supposé uniforme du condensateur.

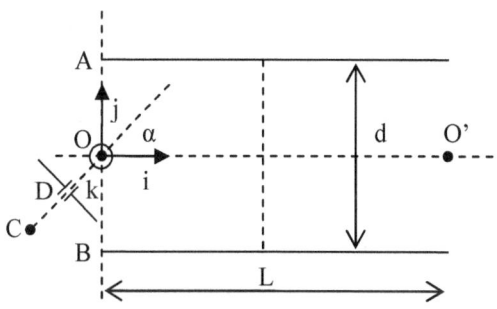

1. Après avoir indiqué en le justifiant le signe de $V_D - V_C$, exprimer, en fonction de U = $|V_D - V_C|$, m et e, la vitesse v_o de pénétration dans le champ électrique uniforme. Application numérique : U = 1,0 kV, m = $1,67 \times 10^{-27}$ kg ; e =$1,6 \times 10^{-19}$C. 0,5

2. Indiquer en le justifiant le signe de $V_A - V_B$ tel que le faisceau de protons puisse passer par le point O'(L,0,0). 0,5

3. Donner la trajectoire des protons dans le repère $(O, \vec{i}, \vec{j}, \vec{k})$ en fonction de U, U' = $|V_A - V_B|$, α et d. quelle est sa nature ? 1

4. Exprimer la tension U' qui permet de réaliser la sortie en O', et calculer sa valeur numérique pour α = 30°, L = 20 cm et d = 7cm. 1

5. Dans le cas où la tension U' a la valeur précédente, calculer à quelle distance minimale du plateau supérieur passe le faisceau de protons. 1

Toute l'expérience a lieu dans le vide et on négliger les forces de pesanteur.

Exercice 6. DEVIATION DE PARTICULE α. 5 PTS

Un faisceau de particules α (noyaux d'hélium), de charge 2e et de masse m pénètre en O entre les plaques P et P' d'un condensateur plan (l = 20,0 cm ; d = 10,0 cm). Le vecteur vitesse v_0 fait un angle α = 25° avec l'axe (Ox) ; sa valeur v_0 est égale à $2,0.10^5$ m.s^{-1}. La tension $U_{PP'}$ = u appliquée entre les plaques est égale à +400V. Le champ électrique $\vec{E}$ est uniforme entre les plaques. L'origine du temps t = 0 sera prise lorsque la particule pénètre en O. données m = $6,68.10^{-27}$ kg ; e = $1,67.10^{-19}$ C.

	Axe Ox	Axe Oy
Champ électrique	Ex =	Ey =
Force électrique	Fx =	Fy =
Accélération	ax =	ay =
Vitesse initiale	v_{ox} =	v_{oy} =

1. Compléter le tableau en donnant l'expression littérale des différentes grandeurs en fonction de U, d, e, m, α et v_o.
2. Calculer les valeurs numériques des grandeurs du tableau précédent en précisant les unités.
3. Les équations horaires de la trajectoire s'écrivent : $x = v_o.\cos\alpha.t$; $y = -\dfrac{eUt^2}{md} + v_o \sin\alpha t$.

   a. Vérifier que cette solution correspond aux conditions initiales.
   b. Retrouver l'équation de la trajectoire.
   c. On pose : $y = Ax^2 + Bx$ avec x et y en m. Déterminer les valeurs numériques de A et B.
   d. Calculer la valeur numérique maximale de y. La particule frappe-t-elle l'armature P ?
   e. Calculer la valeur de l'ordonnée y_S du point S de sortie du champ électrique.

Exercice 7. EXPRIMER UNE DEFLEXION MAGNETIQUE. 4 PTS

Un faisceau homocinétique de protons pénètre à la vitesse $\vec{v_o}$ en un point O d'une région où règne un champ magnétique uniforme de vecteur $\vec{B}$ perpendiculaire à $\vec{v_o}$. Dans cette région, de largeur l, leur trajectoire est circulaire, de centre C et de rayon $R = \dfrac{mv_o}{eB}$. Les protons sortent de cette région en un point S.

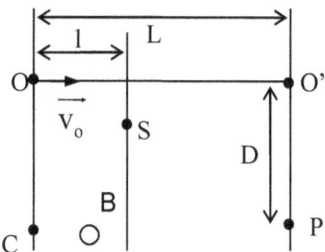

1. Préciser l'orientation du vecteur $\vec{B}$.
2. On considère l'angle α = (CS,CO). Montrer que $\sin\alpha = \dfrac{l}{R}$
3. Quelle est la nature du mouvement des protons après leur sortie du champ magnétique ?
4. Les protons heurtent, en un point P, un écran situé à la distance L = OO' du point O. en supposant L nettement supérieur à l, donner une valeur approchée de tanα en fonction de la déviation D = O'P et de L.
5. On suppose que l'angle α est petit ; par conséquent $\sin\alpha = \tan\alpha = \alpha$, α exprimé en radians. Exprimer alors la déviation D en fonction de rapport $\dfrac{e}{m}$ et de la vitesse v_o.

Exercice 8. – étude d'un spectrographe de masse. BAC C 2009 Cameroun

Un spectrographe de masse est un appareil permettant de séparer les isotopes d'un élément chimique. Sa partie principale est une chambre de déviation dans laquelle règne un champ magnétique entrant (voir figure 2).

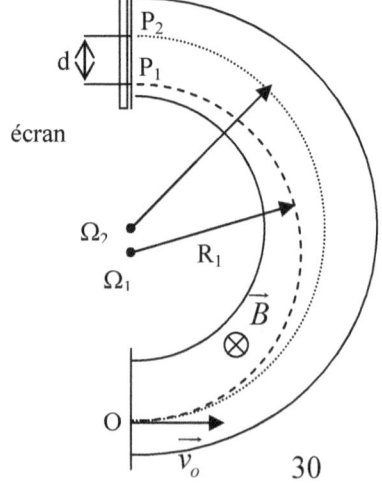

1. Rappeler la définition du terme « isotope ».
2. Des ions de même charge q = – e chacun, sont introduits dans la chambre en O, avec une même vitesse $\vec{v_o}$ normale au vecteur

champ magnétique. En négligeant l'effet du poids, montrer que chaque ion a dans la chambre un mouvement circulaire uniforme.
3. Les ions introduits dans le spectrographe sont un mélange d'isotopes $^{35}_{17}Cl^-$ et $^{A}_{17}Cl^-$ du chlore. Le deuxième est plus lourd que le premier. Exprimer le rayon R_1 de la trajectoire de l'ion $^{35}_{17}Cl^-$ en fonction de m_1, q, B et v_0 où m_1 est la masse de l'ion puis calculer sa valeur. Prendre $v_0 = 1,47 \times 10^5$ m.s^{-1} ; B = 0,1 T ; $m_1 = 5,8137 \times 10^{-26}$ kg.
4. Exprimer les distances OP_1 et OP_2 en fonction respectivement de R_1 et de R_2. en déduire la distance d séparant les points d'impact P_1 et P_2 des deux ions sur l'écran en fonction des rayons R_1 et R_2 de leurs trajectoires.

Exercice 9. Mouvement dans un champ électrique uniforme.

Un condensateur plan crée entre ses armatures (A) et (B) placées dans le vide, un champ électrique uniforme ; (A) et (B) horizontales sont distantes de d = 1 cm et pour longueur ℓ = 1 cm.

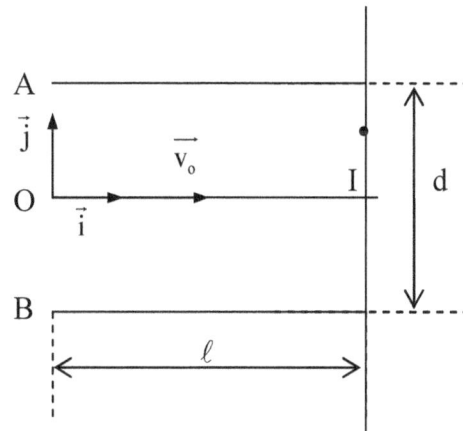

Une source au polonium émet un faisceau homocinétique de particules α qui arrivent en O, avec une vitesse $\vec{v_0}$ dirigée selon Ox de valeur v_0 = 15000 km/s. On place à la sortie des armatures une plaque photographique (P) sur laquelle les particules α laissent une trace ponctuelle. Quand le condensateur n'est pas chargé, le point d'impact se fait en I ; quand le condensateur est chargé, l'impact se fait à 1 mm au dessus de I. Son poids étant négligeable, chaque particule α est soumise dans le champ électrique $\vec{E}$ à une force $\vec{F}$.

1. Préciser les directions et sens de $\vec{F}$ et $\vec{E}$. En déduire la polarité des plaques.
2. Établir l'équation de la trajectoire d'une particule α à l'intérieur du condensateur.
3. Déterminer la tension U entre les plaques.

On donne : masse de la particule m = 6,67.10^{-27} kg ; charge de la particule α=2xe=3,2.10^{-19} C.

Exercice 10. Particule chargée dans un Champ électrique.

Soit un électron (charge –e, masse m) arrivant en O avec une vitesse $\vec{v_0}$ (voir figure). On donne $V_A - V_B$ = 150V ; v_0 = 10000 km.s^{-1} ; m=9,1.10^{-31} kg ; e = 1,6.10^{-19}C ; L =14 cm ; d = 10 cm. D = 20 cm.

1. Représenter le vecteur champ électrique et la force qui s'exerce sur l'électron.
2. Etablir l'équation de la trajectoire de l'électron.
    a. Représenter la trajectoire sur le schéma.
3. Qu'advient-il à l'électron lorsqu'il sort du champ électrique ? Représenter sa trajectoire.

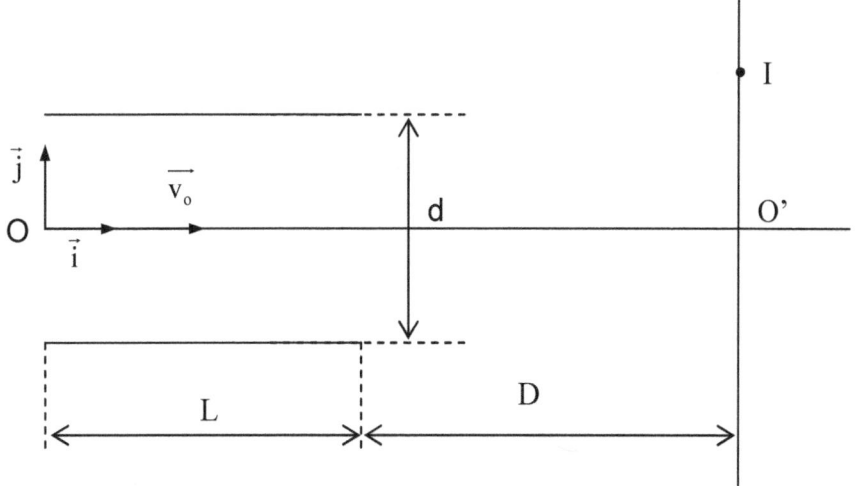

4. Définir déviation électrostatique ; donner son expression littérale et calculer sa valeur numérique.
5. Déterminer les coordonnées du point M où ce dernier sort du champ électrostatique.
6. Comment appelle-t-on la distance O'I ? établir son expression littérale et calculer sa valeur numérique.

5 - LES OSCILLATEURS MECANIQUES.

BREF RAPPEL DU COURS.

Pendule élastique.

L'équation différentielle qui régit le mouvement d'un oscillateur harmonique s'écrit : $\frac{d^2x}{dt^2} + \frac{k}{m}x = 0$. Une solution de cette équation différentielle est une fonction sinusoïdale du temps de la forme $x = X_m \sin(\omega_o t + \varphi)$. L'équation différentielle est vérifiée si $\omega_o^2 = \frac{k}{m} \Rightarrow \omega_o = \sqrt{\frac{k}{m}}$.

L'équation horaire du mouvement du centre d'inertie de l'oscillateur est donc de la forme $x = X_m \sin(\omega_o t + \varphi)$ avec $\omega_o = \sqrt{\frac{k}{m}}$. C'est un **mouvement rectiligne sinusoïdal** de période $T_o = \frac{2\pi}{\omega_o} = 2\pi\sqrt{\frac{m}{k}}$; l'équation horaire étant une fonction sinusoïdale du temps, le pendule élastique est un oscillateur harmonique.

L'énergie mécanique totale d'un pendule élastique s'écrit : $E_m = 1/2 kx^2 + 1/2 mv^2$; $x = X_m \sin(\omega_o t + \varphi)$ et $v = \frac{dx}{dt} = \omega_o X_m \cos(\omega_o t + \varphi)$, donc

$E = \frac{1}{2}kX_m^2 \sin^2(\omega_o t + \varphi) + \frac{1}{2}m\omega_o^2 X_m^2 \cos^2(\omega_o t + \varphi) = \frac{1}{2}kX_m^2 [\sin^2(\omega_o t + \varphi) + \cos^2(\omega_o t + \varphi)]$ puisque $m\omega_o^2 = k$; on a donc finalement $E_m = \frac{1}{2}kX_m^2 = E_i$. L'énergie mécanique totale d'un pendule élastique est constante.

Pendule de torsion.

Pour un pendule de torsion, l'équation $\frac{d^2\theta}{dt^2} + \frac{C}{J_\Delta}\theta = 0$ c'est une équation différentielle du type $\frac{d^2\theta}{dt^2} + \omega^2\theta = 0$ avec $\omega^2 = \frac{C}{J_\Delta}$; une solution de cette équation s'écrit $\theta = \theta_m \sin(\omega_o t + \varphi)$: c'est l'équation horaire d'un **mouvement sinusoïdal de rotation** d'amplitude θ_m, de pulsation propre $\omega_o = \sqrt{\frac{C}{J_\Delta}}$ et de période propre $T_o = 2\pi\sqrt{\frac{J_\Delta}{C}}$

Le pendule de torsion non amorti est un oscillateur harmonique de rotation.

$E = E_c + E_{pe} = \frac{1}{2}J_\Delta \dot\theta^2 + \frac{1}{2}C\theta^2$ $\theta = \theta_m \sin(\omega_o t + \varphi)$ et $\dot\theta = \frac{d\theta}{dt} = \omega_o \theta_m \cos(\omega_o t + \varphi)$, donc

$E = \frac{1}{2}C\theta_m^2 \sin^2(\omega_o t + \varphi) + \frac{1}{2}J_\Delta \omega_o^2 \theta_m^2 \cos^2(\omega_o t + \varphi) = \frac{1}{2}C\theta_m^2 [\sin^2(\omega_o t + \varphi) + \cos^2(\omega_o t + \varphi)]$ puisque $J_\Delta \omega_o^2 = C$; on a donc finalement $E = \frac{1}{2}C\theta_m^2 = E_i$. L'énergie mécanique du pendule de torsion reste constante.

Pendule pesant

Pour un pendule pesant, on a $J_\Delta \dfrac{d^2\theta}{dt^2} = -mga \sin\theta \Rightarrow \dfrac{d^2\theta}{dt^2} + \dfrac{mga}{J_\Delta}\sin\theta = 0$. Telle est l'équation différentielle du mouvement. Sa solution n'est pas une fonction sinusoïdale. Dans le cas général, le pendule pesant n'est pas un oscillateur harmonique.

Pour les petites valeurs de θ_m ($\theta_m < 8°$), $\sin\theta \approx \tan\theta \approx \theta$ en radians, l'équation différentielle devient $\dfrac{d^2\theta}{dt^2} + \dfrac{mga}{J_\Delta}\theta = 0$; on retrouve une équation du type $\dfrac{d^2\theta}{dt^2} + \omega^2\theta = 0$, avec $\omega^2 = \dfrac{mga}{J_\Delta}$. Pour les petits angles, le pendule pesant est un oscillateur harmonique de rotation d'équation horaire $\theta = \theta_m \sin(\omega_0 t + \varphi)$, de pulsation propre $\omega_0 = \sqrt{\dfrac{mga}{J_\Delta}}$ et de période propre $T_0 = 2\pi\sqrt{\dfrac{J_\Delta}{mga}}$.

L'Energie mécanique d'un pendule pesant est : $E = E_{CM} + E_{PM} = E_{CM} + mgh$; le théorème de l'énergie cinétique s'écrit :
$E_{CM} - E_{CA} = mg(h_m - h)$ et $E_{CA} = 0$; $E = mg(h_m - h) + mgh = mgh_m$. A chaque instant donc, $E = mga(1 - \cos\theta_m) = E_i$. L'énergie du pendule reste constante pendant le mouvement. Pour les oscillations de faible amplitude, $\cos\theta_m = 1 - \dfrac{\theta_m^2}{2}$.

$E_i = mga(1 - \cos\theta_m) = mga(1 - 1 + \dfrac{\theta_m^2}{2}) = \dfrac{1}{2}mga\,\theta_m^2$ donc $E = E_{CM} + E_{PM} = \dfrac{1}{2}J_\Delta \dot\theta^2 + mgh$;

$h = 1 - \cos\theta = \theta^2/2$ donc $E = \dfrac{1}{2}J_\Delta \dot\theta^2 + mga\dfrac{\theta^2}{2}$; lorsqu'on remplace $\theta = \theta_m \sin(\omega t + \varphi)$

$E = \dfrac{mga}{2}\theta_m^2 \sin^2(\omega_0 t + \varphi) + \dfrac{1}{2}J_\Delta \omega_0^2 \theta_m^2 \cos^2(\omega_0 t + \varphi) = \dfrac{mga}{2}\theta_m^2$, puisque $\omega^2 = \dfrac{mga}{J_\Delta}$

A. Pendule simple.

Pour un pendule simple, l'équation différentielle s'écrit : $\dfrac{d^2\theta}{dt^2} + \dfrac{mga}{J_\Delta}\theta = 0$ avec $a = l$ et $J_\Delta = ml^2$;

soit $\dfrac{d^2\theta}{dt^2} + \dfrac{g}{l}\theta = 0$; on retrouve l'équation différentielle caractéristique des oscillateurs harmoniques en posant $\omega^2 = \dfrac{g}{l}$. Le pendule simple est un oscillateur harmonique de rotation, de pulsation propre $\omega_0 = \sqrt{\dfrac{g}{l}}$ et de période propre $T = 2\pi\sqrt{\dfrac{l}{g}}$.

On appelle **pendule simple synchrone** d'un pendule pesant un pendule simple de même période. Si on compare la période du pendule simple $T = 2\pi\sqrt{\dfrac{l}{g}}$ et celle du pendule pesant $T = 2\pi\sqrt{\dfrac{J_\Delta}{mga}}$, on obtient : $l = \dfrac{J_\Delta}{mga}$.

EXERCICES

Exercice 1.

Un ressort (R) à spires non jointives, de masse négligeable, de longueur à vide $l_o = 12$ cm, est enfilé sur une tige horizontale Ox, fixée à un axe vertical Δ. L'une des extrémités du ressort est fixée en O, l'autre à un solide (S), de masse 100 g. le ressort (R) et le solide (S) peuvent coulisser sans frottement sur la tige.

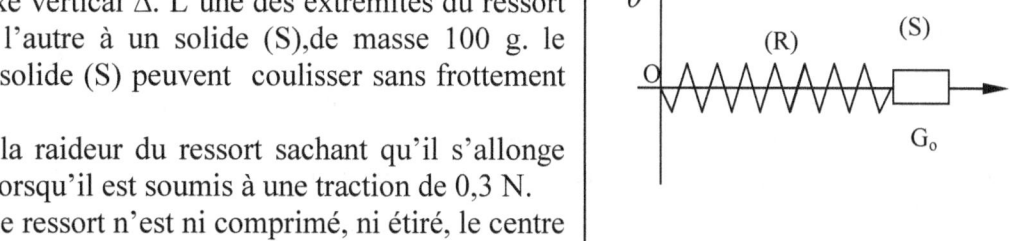

1. Calculer la raideur du ressort sachant qu'il s'allonge de 1 cm lorsqu'il est soumis à une traction de 0,3 N.
2. Lorsque le ressort n'est ni comprimé, ni étiré, le centre d'inertie G de (S) occupe une position G_o qu'on prendra comme origine des abscisses. On tire (S) suivant Ox pour amener G en G_1 tel que $G_oG_1 = X_m = 5$ cm, puis on le lâche sans vitesse initiale à l'instant t = 0.
    a. Etablir l'équation différentielle du mouvement de G. En déduire son équation horaire.
    b. Quelle est la vitesse de G au passage par G_o ?
    c. Montrer que l'énergie mécanique totale du système (R)+(S) est constante. Quelle est sa valeur numérique ?

Exercice 2.

Une tige homogène AB, de masse m et de longueur l, est mobile autour d'un axe horizontal (Δ) passant par A. m = 150 g ; l = 80 cm ; g = 9,81 m.s^{-2}.

1. déterminer, en fonction de m et l, le moment d'inertie J_Δ de la tige par rapport à l'axe (Δ), en appliquant le théorème de Huygens. On rappelle que le moment d'inertie d'une tige par rapport à un axe horizontal passant par son centre de gravité G est $J_G = ml^2/12$.
2. on écarte la tige de sa position d'équilibre stable d'un angle θ_m et on le lâche sans vitesse initiale.
    a. faire le bilan des forces appliquées à la tige et établir l'équation différentielle de son mouvement.
    b. écrire l'équation différentielle dans le cas où $\theta_m < 10°$. En déduire en fonction de m, l et g l'expression de la période T des oscillations de faible amplitude de ce pendule. Calculer numériquement T.
    c. l'amplitude angulaire du pendule vaut maintenant $\theta_m = \pi/3$ rad. Donner, pour une élongation angulaire quelconque θ, l'expression de l'énergie mécanique totale du système Terre – tige en fonction de m, g, θ, l, $d\theta/dt$. On considérera que l'énergie potentielle du système est nulle lorsque la tige est dans sa position d'équilibre stable.
    d. que peut-on dire de l'énergie mécanique totale du système au cours des oscillations ? calculer sa valeur numérique.
    e. pour quelle position de la tige l'énergie cinétique est-elle maximale ? quelle est sa valeur ? en déduire la vitesse maximale du point B.

Exercice 3. Pendule de torsion.

On réalise un pendule de torsion en suspendant un disque de cuivre horizontal par un fil de suspension dont la direction passe par son centre d'inertie. Le disque est un solide (S) homogène de moment d'inertie J = 10^{-3} kg.m^2 par rapport à l'axe qui lui est perpendiculaire en G. le fil de suspension vertical ayant pour constante de torsion C, la période des oscillations libres est $T_o = 0,5$ s.

1. établir l'équation du mouvement du disque oscillant librement autour de sa position d'équilibre, et en déduire C.

2. le disque est initialement écarté de sa position d'équilibre d'un angle $\theta_0 = +\pi/6$ rad, puis lancé à l'instant t = 0 avec une vitesse angulaire initiale $\dot{\theta}_0$. Le disque passe pour la première fois par sa position d'équilibre à l'instant t = 6,25.10^{-2} s. Ecrire l'équation horaire du mouvement. En déduire $\dot{\theta}_0$.

Exercice 4.

Deux ressorts identiques, de masse négligeable sont accrochés à un solide autoporteur S qui repose sur une tale parfaitement plane et horizontale. Les deux ressorts sont fixés en A et B aux extrémités de la table (voir figure). On tire le solide S suivant la droite AB, d'une distance d = 12,5 cm et on le lâche sans vitesse. On donne : masse du solide autoporteur : m = 560 g ; longueur à vide des ressorts l_0 = 15 cm ; longueur des ressorts lorsqu'ils sont accrochés à S : l = 30 cm ; raideur d'un ressort : k = 7,2 N.m^{-1}.
1. établir l'équation différentielle du mouvement.
2. calculer la période des oscillations du solide S.
3. calculer sa vitesse maximale.
4. calculer l'énergie mécanique de l'oscillateur.

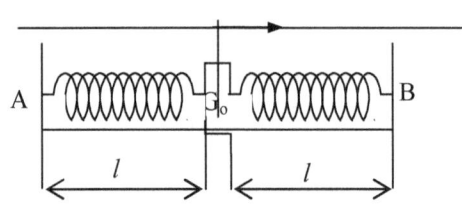

Exercice 5.

On considère un ressort de longueur à vide l_0 = 0,10 m.

1. On suspend à l'extrémité inférieure de ce ressort, une masse m = 50g ; il prend alors une longueur l = 0,12 m à l'équilibre ; on donne g = 9,8 m.s^{-2}.

1.1. Représenter le ressort à l'équilibre en faisant apparaître les forces agissant sur la masse suspendue. 1

1.2 Que vaut sont allongement à l'équilibre ? 0,5

1.3. Calculer sa raideur. 0,5

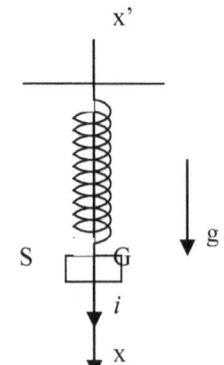

2. On écarte maintenant verticalement vers le bas la masse d'une distance a = 1 cm et on l'abandonne. La masse oscille verticalement autour de sa position d'équilibre avec une période T égale à la période propre T_0 de cet oscillateur. Calculer T. 1

3. soit x la position de du solide S à l'instant t, l'origine de l'axe étant prise lorsque le système est en équilibre.

3.1. Quelle est l'énergie potentielle de pesanteur du système, le niveau de référence étant la position d'équilibre ?

3.2. Quelle est l'allongement du ressort à l'instant t ? En déduire l'énergie potentielle élastique du ressort en fonction de x.

4. Calculer l'énergie mécanique du système à l'instant t = 0. À quelle condition cette énergie mécanique demeure – t elle constante ?

Exercice 6.

La courbe ci – contre est celle de l'élongation x d'un oscillateur élastique horizontal (raideur k, masse m = 206 g). Le ressort a sa longueur naturelle lorsque x = 0.

1. déterminer la période de cet oscillateur, l'amplitude des oscillations, la valeur de la raideur du ressort.

2.1. Donner l'expression de l'énergie potentielle élastique de cet oscillateur.

2.2. Déterminer l'énergie potentielle maximale.

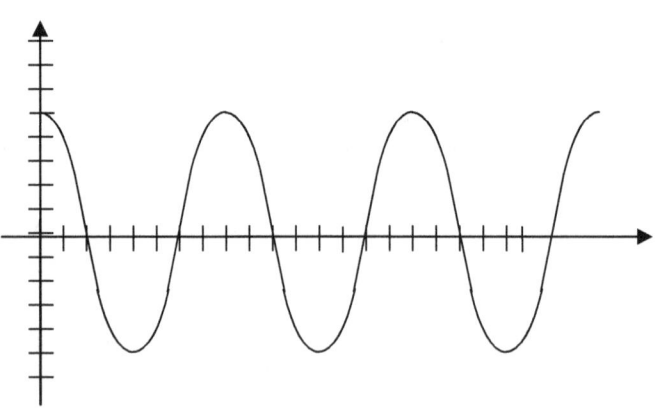

2.3. En déduire la valeur de l'énergie mécanique.
3.1. Quelle est la valeur maximale de l'énergie cinétique de cet oscillateur ?
3.2. Calculer la valeur maximale de la vitesse.
4. Pour une élongation x = 1,5 cm, calculer : l'énergie potentielle élastique, l'énergie cinétique

Exercice 7.

Un cerceau homogène en bois est suspendu en O à un axe (Δ) horizontal, perpendiculaire au plan du cerceau. La masse du cerceau est m. son rayon est R. le moment d'inertie du cerceau est $J_\Delta = 2mR^2$. On donne g = 10 m.s^{-2}, R = 20 cm et m = 1 kg. On repère la position du cerceau par l'angle θ entre OG et la verticale (G centre d'inertie du cerceau).

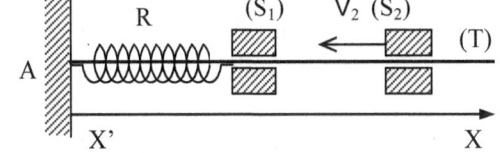

On écarte le cerceau d'un angle $\theta_0 = 10°$ et on le lâche sans vitesse.
1. Donner l'équation horaire θ(t) et la période propre To des petites oscillations.
2. Quelle est la vitesse angulaire du cerceau lorsqu'il passe par sa position d'équilibre ?

On accroche une petite bille en acier ponctuelle de même masse m que le cerceau en un point A diamétralement opposé à O (voir figure)
3. Quel est le nouveau moment d'inertie J'_Δ ?
4. Donner l'équation θ(t) si on excite l'ensemble dans les mêmes conditions qu'à la première question ? Donner la nouvelle période T'_o.
5. Un électroaimant exerce sur la bille une force F verticale vers le bas et constante. On écarte l'ensemble d'un angle $\theta_0 = 15°$ et on lâche sans vitesse initiale. Déterminer θ(t) et la période propre T'_o. On donne F = 15 N.

Exercice 8. Choc et pendule élastique horizontal.

Deux solides indéformables S_1 et S_2 de masses respectives $M_1 = 10$ kg et $M_2 = 40$ kg, peuvent glisser sans frottement sur une tige horizontale T. le Solide S_1 est liée à l'extrémité d'un ressort R à spires non jointives, de masse négligeable, de raideur k = 30 N.m^{-1}. L'autre extrémité du ressort est fixée en A à la tige T. L'ensemble (S, R) étant à l'équilibre, R non déformé, on lance S_2 placé à l'autre extrémité de la tige vers S_1. Au moment du choc, il y a accrochage des deux solides, lesquels forment alors un ensemble solidaire S de centre d'inertie G.

1. Avant le choc, la vitesse du centre d'inertie de S_2 étant $v_2 = 0,4$ m.s^{-1}, déterminer la vitesse v du centre d'inertie G de S juste après le choc, l'énergie cinétique de S juste après le choc.
2. Après le choc, S lié au ressort poursuit son mouvement, les spires du ressort restant non jointives. Déterminer la nature du mouvement du centre d'inertie G de S, et en déduire l'équation horaire de ce mouvement.

La position du centre d'inertie sera repérée sur l'axe X'X de direction parallèle à la tige (l'orientation est précisée sur la figure), l'origine des abscisses correspond à l'instant du choc, l'origine des temps est prise à l'instant du choc.
3. Faire une étude énergétique du mouvement de S après le choc.

Exercice 9. Pendule simple.

On considère le système constitué par un fil dont une extrémité est reliée à un point fixe O et supportant à l'autre extrémité une bille en plomb de masse m = 10 g. Ce système est assimilable à un pendule simple de longueur l = 2 m. on donne g = 9,80 m.s^{-2}.
1. calculer la période des oscillations de faible amplitude de ce pendule.
2. le pendule est maintenant abandonné sans vitesse initiale avec une amplitude angulaire $\alpha_m = 30°$.

a. Représenter vectoriellement la vitesse de la bille lors d'un passage à la verticale du point O et calculer sa valeur.
b. Calculer la tension du fil pour cette dernière position.
3. sous quelle amplitude angulaire doit-on abandonner le pendule sans vitesse initiale pour que la tension du fil soit égale à la moitié du poids de la bille lors du retour du pendule à son élongation extrême ?
4. le pendule oscillant dans les conditions de la 3è partie de l'exercice, le fil rompt lors d'un passage par la position verticale. Avec quelle vitesse la bille atteindra – t – elle le sol horizontal situé à 3 m au-dessous du point O ?

Exercice 10.

Deux ressorts identiques, de longueur lo, de raideur k, sont tendus entre deux points A et B distants de L. un disque D, de masse m et d'épaisseur négligeable, est fixé entre ces ressorts (voir figure). On donne L = 45 cm, lo = 15 cm, k = 20 N.m^{-1}, g = 10 m.s^{-2}, et m = 0,1 kg.

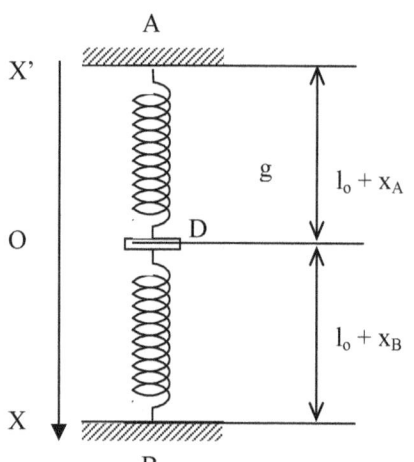

1. Déterminer la position d'équilibre du disque D.
2. Le disque d est écarté de sa position d'équilibre verticalement, vers le bas, de d = 3 cm.
    a. Par une étude dynamique, donner l'équation différentielle du mouvement (on choisira l'axe X'X comme sur la ligne, son origine coïncidant avec la position d'équilibre).
    b. En déduire l'équation horaire du mouvement de d.
3. Retrouver l'équation horaire par une étude énergétique.

Exercice 11. BAC C 2009 Cameroun

On prendra g = 10 m.s^{-2}. La résistance de l'air est négligée. Une bille ponctuelle (A) de masse m est attachée à l'extrémité d'un fil inextensible de masse négligeable, de longueur L, et dont l'autre extrémité est fixée en un point O. le schéma ci-contre présente l'oscillateur : On écarte le pendule d'un angle θm à partir de sa position d'équilibre stable et puis on le lâche sans vitesse initiale. Un mouvement pendulaire prend alors naissance. La position du pendule à un instant t quelconque est donnée par l'angle θ que fait le fil avec la verticale.

1. Soit $\dot{\theta}$ la vitesse angulaire de a bille. Donner à un instant quelconque du mouvement, en fonction de θ, θm et $\dot{\theta}$ l'expression de :
   – l'énergie cinétique E_C de la bille ;
   – l'énergie potentielle E_P du système (pendule – Terre). Le niveau de référence de l'énergie potentielle de pesanteur, sera pris à l'horizontale passant par la position la plus basse de la bille ;
   – l'énergie mécanique Em du système (pendule – Terre).

2. En admettant que le système (pendule – Terre) est conservatif, établir, pour des oscillations de faibles amplitudes, l'équation différentielle du mouvement pris par le pendule. On prendra $1 - \cos\theta = \frac{1}{2}\theta^2$ (θ en radians).

3. En mesurant la durée de 10 oscillations, on trouve 20 s.
Calculer la longueur L du pendule.

Exercice 12.

On considère un ressort de longueur à vide $\ell_0 = 0,10$ cm.

1. On suspend, à l'extrémité inférieure de ce ressort, un solide de masse m = 50 g ; sa longueur est alors $\ell = 0{,}12$ m. On donne g = 9,8 m.s^{-2}.
    a. Représenter le ressort à l'équilibre en faisant apparaître les forces agissant sur le solide.
    b. Que vaut l'allongement du ressort à l'équilibre ?
    c. Calculer la raideur du ressort.
2. On écarte maintenant verticalement et vers le bas le solide d'une distance a = 1 cm et on l'abandonne sans vitesse initiale à l'instant t = 0. Il oscille verticalement autour de la position d'équilibre définie dans la première question, ave une période T égale à la période propre T_o de cet oscillateur. Calculer T.
3. Soit x la position du solide s à l'instant t, l'origine de l'axe étant prise lorsque le système est en équilibre.
    a. L'énergie potentielle de pesanteur du système (terre – oscillateur – support) est égale à $E_{pp} = -mgx$. Quel est le niveau zéro de l'énergie potentielle de pesanteur ? Justifier le signe $-$.
    b. Exprimer l'énergie potentielle élastique de ce ressort en fonction de x.
4. Calculer l'énergie mécanique du système (terre – oscillateur – support) à l'instant t = 0.
    a. À quelle condition cette énergie mécanique reste – t –elle constante lors des oscillations ?

6 - ELECTROSTATIQUE.

RAPPEL DU COURS.

Les charges électriques interagissent entre elles selon une loi dite **loi de Coulomb** qui s'énonce :
La force d'attraction ou de répulsion qui s'exerce sur deux charges ponctuelles Q_A et Q_B placées respectivement en A et en B est :
- dirigée suivant la droite AB ;
- proportionnelle à Q_A et Q_B ;
- inversement proportionnelle au carré de la distance entre les charges.

$\vec{F}_{B/A} = -\vec{F}_{A/B} = -k\dfrac{Q_A Q_B}{d^2}\vec{u}$. $\vec{u}$ est un vecteur unitaire porté par $\overrightarrow{AB}$ et orienté de A vers B.

$\vec{u} = \dfrac{\overrightarrow{AB}}{\|\overrightarrow{AB}\|}$. On peut donc écrire : $\vec{F}_{B/A} = -k\dfrac{Q_A Q_B}{d^2}\vec{u}$ et $\vec{F}_{A/B} = k\dfrac{Q_A Q_B}{d^2}\vec{u}$. En intensité, on a : $F_{B/A} = F_{A/B} = k\dfrac{|Q_A||Q_B|}{d^2}$; d = AB. Les charges Q_A et Q_B en **Coulomb** ; d en m, k est la constante électrostatique ; elle s'exprime en $N.m^2.C^{-2}$; sa valeur est k = **9.10^9 $N.m^2.C^{-2}$**. On peut aussi écrire $k = \dfrac{1}{4\pi\varepsilon_0}$; ε_0 étant la **permittivité du vide** de valeur $8,854.10^{-12}$ $C^2/(N.m^2)$

$\vec{E} = k\dfrac{q}{d^2}\vec{u}$. Le sens du Champ $\vec{E}$ dépend du signe de la charge q, mais sa direction passe toujours par q ; On dit qu'il est **radial**. Si q>0, le champ est centrifuge (il s'éloigne du centre) ; si q<0, le champ est centripète (qui se rapproche du centre). Son intensité est $E = k\dfrac{|q|}{d^2}$. q en C, d en m, k = 9.10^9 $N.m^2.C^{-2}$. E en **N/C**.

EXERCICES

Exercice 1.
Aux sommets A, B et C d'un triangle équilatéral dont le côté a pour longueur 10 cm, on place respectivement des charges électriques ponctuelles de valeurs $+10^{-7}$ C, $+10^{-7}$ C, -10^{-7} C. Déterminer les forces électriques résultantes s'exerçant sur chacune de ces trois charges.

Exercice 2.
Aux sommets A, B, C, D d'un carré de 50 cm de coté, on place respectivement des charges ponctuelles, ayant pour valeur, en microcoulombs, +10, +20, +30, et −10. Déterminer le vecteur champ créé par l'ensemble de ces charges au centre du carré et la force que subit en ce point une charge de −1 µC.

Exercice 3.
Trois petites boules identiques de masse m sont suspendues à un même point, par les fils de même longueur l. elles portent des charges électriques de même valeur q et de même signe. En appelant R le rayon de la circonférence qui passe par les trois boules, trouver la relation qui existe entre m, l, q et R.
Application numérique : trouver q sachant que R = 10 cm, l = 20 cm, m = 1,3 g, g = 10 N/kg.

Exercice 4.

Des charges ponctuelles respectivement égales à $+10^{-6}$ C, -5×10^{-6} C, $+2 \times 10^{-6}$ C sont placés aux sommets A, B et C d'un triangle équilatéral dont le côté a pour longueur 2 cm. Déterminer le champ électrique crée par ces trois charges au milieu M du côté AC. On précisera en particulier l'orientation du vecteur champ électrique par rapport à la diagonale MB.

Exercice 5. Expérience de Millikan.

Dans l'expérience de Millikan on cherche à mesurer la charge négative q portée par une goutte d'huile de masse maintenue en équilibre par l'action du champ électrostatique.
1. donner les caractéristiques des forces qui s'exercent sur la goutte.
2. le champ électrostatique est crée par deux plaques parallèles. Faire un schéma indiquant la position des plaques.
3. la goutte de masse m et de charge q est maintenue en équilibre par un champ $E = 3,0.10^8$ V.m^{-1}. quel est le rapport q/m ?
4. La goutte porte 20 fois la charge élémentaire. Quelle est sa masse ? En déduire son rayon sachant que sa masse volumique est 890 kg.m^{-3}.

Exercice 6. Comparaison entre forces gravitationnelles et forces électriques. 4 pts

La molécule de diazote est constituée de deux atomes d'azote dont les noyaux comportent 7 protons. Ces noyaux sont à la distance d = 0,14 nm l'une de l'autre. Donnée : la masse de chaque noyau est $2,3.10^{-26}$ kg.
1. Déterminer la valeur des forces d'interaction électrique entre les deux noyaux. Ces forces sont-elles attractives ou répulsives ? 1
2. Déterminer la valeur des forces d'interaction gravitationnelle entre les deux noyaux. Ces forces sont-elles attractives ou répulsives ? 1
3. Comparer les valeurs de ces deux forces d'interaction. Conclure. 2

Données $\varepsilon_o = 8,84.10^{-12}$ SI ; $k = \dfrac{1}{4\pi\varepsilon_o}$; $G = 6,67.10^{-11}$ SI et $e = 1,6.10^{-19}$ C.

Exercice 7. Pendule électrostatique. 4pts.

Deux pendules électriques identiques, de masse 0,1 g, portent chacun une charge $q = 1,4.10^{-8}$ C. disposés comme l'indique la figure, ils s'écartent de 10° de la verticale.
1. Représenter les forces s'exerçant sur chacun des pendules. 1
2. En déduire la valeur des forces électriques. 1
3. Déterminer les caractéristiques du champ électrique créé en A par la charge B. 2

On donne $g = 9,8$ m.s^{-2}.

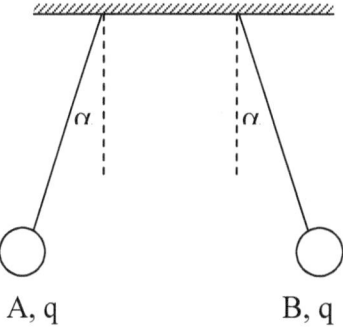

Exercice 8.

On considère un système constitué de deux plaques verticales A et B, parallèles, distantes de d = 10 cm, soumises respectivement à un potentiel V_A et V_B, tel que la tension entre elles soit U = VA - VB (U > 0). A égale distance de ces deux plaques, en un point O', est suspendu un fil isolant de longueur l = 5 cm, qui maintient à l'autre extrémité une petite boule de masse m = 1 g. lorsque la boule est neutre, le fil est vertical. On électrise la boule, elle est alors attirée par la plaque A et le fil fait avec la verticale un angle $\alpha = 30°$ et s'y maintient lorsque U = 500 V.

1. quelles sont les caractéristiques du champ électrique E régnant entre les plaques ?

2. faire le bilan des forces appliquées à la boule et exprimer la charge de la boule en fonction de m, g, d, U et α. Faire l'application numérique pour g = 10 N/kg.

3. quel est le signe de la charge q ? déterminer le nombre d'électrons en excès ou en défaut qu'elle possède. $|e| = 1,6 \times 10^{-19}$ C.

Exercice 9.

Trois charges ponctuelles sont placées sur trois sommets d'un carré d'arête a.
1. déterminer le champ électrostatique créé au milieu du quatrième sommet.
2. déterminer la force à exercer sur une quatrième charge pour la maintenir immobile sur le quatrième sommet.

On donne a = 10 cm ; $q = 2.10^{-6}$ C.

7 - OSCILLATIONS ELECTRIQUES ET CIRCUITS R, L, C.

RAPPEL DU COURS.

L'équation des oscillations dans un circuit L, C s'écrit : $\dfrac{d^2q}{dt^2} + \dfrac{1}{LC}q = 0$ si on écrit $\omega^2 = \dfrac{1}{LC}$ on a l'équation bien connue $\dfrac{d^2q}{dt^2} + \omega^2 q = 0$. Une solution de cette équation s'écrit $q = Q_m \cos(\omega t + \varphi)$.

Le circuit formé d'un condensateur et d'une bobine est un oscillateur harmonique de pulsation propre $\omega_0 = \sqrt{\dfrac{1}{LC}}$ période propre $T_0 = 2\pi\sqrt{LC}$ et de fréquence $N_0 = \dfrac{1}{2\pi\sqrt{LC}}$.

L'énergie d'un tel circuit se présente sous deux formes :

L'énergie électrostatique emmagasinée dans le condensateur $E_e = \dfrac{1}{2}\dfrac{q^2}{C} = \dfrac{1}{2C}Q_0^2 \cos^2 \omega_0 t$, si la phase initiale est nulle ;

L'énergie magnétique dans la bobine $E_m = \dfrac{1}{2}Li^2 = \dfrac{1}{2}LQ_0^2 \omega_0^2 \sin^2 \omega_0 t$.

L'énergie totale s'écrit : $E = E_e + E_m = \dfrac{1}{2C}Q_0^2 \cos^2 \omega_0 t + \dfrac{1}{2}LQ_0^2 \omega_0^2 \sin^2 \omega_0 t$. Cette énergie totale reste toujours constante.

Pour exprimer l'impédance d'un circuit R, L, C, on distingue 3 cas :

$L\omega > \dfrac{1}{C\omega}$: la tension est en avance de phase sur l'intensité. $Z = \sqrt{R^2 + \left(L\omega - \dfrac{1}{C\omega}\right)^2}$

$L\omega < \dfrac{1}{C\omega}$ la tension est en retard de phase sur l'intensité. $Z = \sqrt{R^2 + \left(L\omega - \dfrac{1}{C\omega}\right)^2}$;

$L\omega = \dfrac{1}{C\omega}$; dans ce cas, $\varphi = 0$ et $Z = R$; on dit qu'il y a résonance

EXERCICES

EXERCICE 1 : Oscillations d'un circuit LC.

Le schéma représente l'oscillogramme de la tension aux bornes du condensateur d'un circuit (L, C) de résistance négligeable. Données : C = 6,9 µF ; sensibilité verticale : 2 V.div^{-1} ; durée de balayage : 1 ms.div^{-1}.

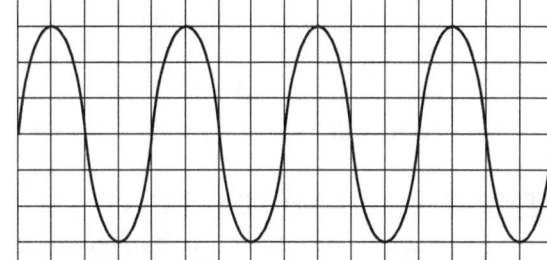

1. Déterminer la période des oscillations. En déduire la fréquence.
2. Quelle est la valeur de l'inductance L ?
3. Calculer l'énergie que possède le circuit oscillant.
4. Reproduire l'oscillogramme et indiquer comment il serait modifié si on ajoutait une résistance en série dans ce circuit.

Exercice 2 : **Oscillations mécaniques et électriques.**

1. On réalise le circuit de la figure 1 ; la bobine, de résistance négligeable, a une résistance L = 50 mH ; la capacité du condensateur vaut C = 5 μF.

    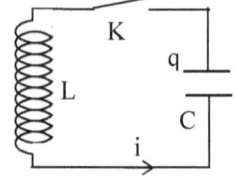

    a. On ferme l'interrupteur K. quel phénomène se produit dans le circuit ? Établir l'équation différentielle liant la charge q de l'armature de gauche du condensateur à sa dérivée seconde par rapport au temps.
    b. En déduire l'expression littérale de la période propre T_0 du circuit, ainsi que sa valeur numérique.

2. On réalise maintenant un pendule élastique horizontal en accrochant, à l'extrémité d'un ressort de raideur k, un solide S de masse m = 100 g, qui peut se déplacer sans frottement sur un support horizontal (fig. 2). On écarte le solide S d'une distance X_m par rapport à sa position d'équilibre O et on le lâche sans vitesse à la date t = 0.

    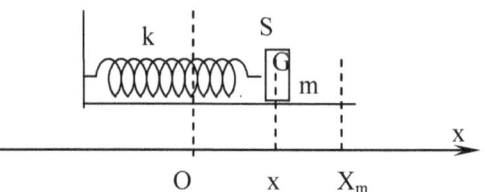

    a. Soit x l'élongation, à l'instant t, du centre d'inertie G du solide S. exprimer, à chaque instant, en fonction de k, m, x et dx/dt, l'énergie cinétique E_c, l'énergie potentielle E_p et l'énergie mécanique E du système ressort + solide S. Que peut-on dire de E ? pourquoi ?
    b. A partir de l'étude énergétique ou de la deuxième loi de Newton, établir l'équation différentielle liant l'abscisse x de G à sa dérivée seconde par rapport au temps.
    c. En déduire l'expression littérale de la période T_0 des oscillations du pendule. A.N. k = 25 N.m^{-1}.
    d. En comparant les équations qui régissent les deux systèmes étudiés, mettre en évidence une analogie entre les grandeurs mécaniques et électriques. Utiliser cette analogie pour trouver l'expression de l'énergie emmagasinée dans le circuit (L,C) à chaque instant.

EXERCICE 3. **Dipôle RLC.**

Un dipôle (R,L,C) en série est constitué d'un conducteur ohmique de résistance R = 50Ω, d'une bobine d'inductance L = 45 mH et de résistance r = 10Ω, et d'un condensateur de capacité C = 10 μF. On alimente ce dipôle par une tension sinusoïdale de tension efficace u = 6V et de fréquence N = 100 Hz.

1. faire la construction de Fresnel relative à cette association.
2. calculer l'impédance du circuit.
3. calculer l'intensité efficace du courant.
4. calculer la tension efficace aux bornes de chaque composant.
5. quelle est la phase de la tension par rapport à l'intensité ?

EXERCICE 4.

La fréquence de la tension sinusoïdale délivrée par un générateur est N = 200Hz. Calculer l'impédance des dipôles suivants, lorsqu'ils sont branchés à ses bornes :

1. un conducteur ohmique de résistance R = 23 Ω ;
2. un condensateur de capacité C = 80 pF ;
3. une bobine d'inductance L = 34 mH et de résistance négligeable ;
4. bobine de résistance r = 40 Ω et d'inductance L = 34 mH.

EXERCICE 5. **BANDE PASSANTE – SURTENSION A LA RESONANCE.**

On monte en série : un condensateur de capacité C inconnue, une bobine d'inductance propre L = 0,1 H et de résistance r = 10 Ω, enfin un milliampèremètre d'impédance négligeable. Une tension sinusoïdale de valeur efficace constante U est appliquée entre les bornes A et B de l'ensemble. Le générateur utilisé est à fréquence variable. On effectue une série de mesures de l'intensité efficace I pour des valeurs croissantes de la fréquence N. on obtient les résultats suivants :

N (Hz)	160	180	200	210	215	220	230	240	250	270	300
I (mA)	1,0	1,8	4,3	7,2	8,5	7,2	4,7	3,2	2,4	1,5	1,0

1. Tracer sur papier millimétré la courbe représentant I en fonction de N. quel phénomène cette courbe met – elle en évidence ? Pour quelle valeur numérique No de N peut – on admettre que ce phénomène est obtenu ? 1 + 0,25 + 0,25
2. De l'étude précédente, déduire une valeur approchée de la capacité C du condensateur. 0,5
3. Exprimer, en fonction de U, la tension efficace U_c aux bornes du condensateur, pour N = No. Comment peut-on appeler le rapport U_c/U ? Le calculer numériquement. 1
4. a) Déterminer à partir de la courbe tracée au 1., les limites en fréquence de la bande passante à 3 dB. Calculer sa largeur ΔN. 0,5
   b) Calculer le rapport $Q = N_o/\Delta N$. Quelle remarque ce résultat suggère – t –il lorsqu'on le compare au rapport U_c/U précédemment calculé au 3. ? 1

EXERCICE 6. OSCILLATIONS ELECTRIQUES FORCEES. 3 pts.

Une bobine AB est soumise à une tension constante $U_1 = 20V$, l'intensité du courant est alors $I_1 = 2,5A$. On lui applique ensuite une tension $u_{AB} = 18\sqrt{2}\cos(100\pi t)$. L'intensité efficace est $I_2 = 2A$.
1. Donner les valeurs des caractéristiques électriques (R, L) de la bobine.
2. donner l'expression $i_2(t)$.
3. on enfonce dans la bobine un noyau de fer doux qui multiplie l'inductance de la bobine par 100. donner les nouvelles caractéristiques du courant $i_3(t)$ circulant dans la bobine alimentée par $u_{AB}(t) = 18\sqrt{2}\cos(100\pi t)$. Conclure.

Exercice 7– Circuit RL série en régime forcé. BAC C 2009 Cameroun

Entre les bornes A et B d'une portion de circuit électrique, on place en série deux bobines (B_1) et (B_2) d'inductances respectives et L_2 et de résistances r_1 et r_2. La tension sinusoïdale u(t) établie aux bornes de l'ensemble a pour valeur efficace U et pour pulsation ω. Le montage est présenté ci – après.

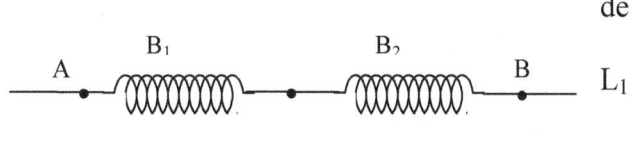

Figure 4

La tension efficace aux bornes de (B_1) est notée U_1 et celle aux bornes de (B_2), U_2.
1. Donner les expressions des impédances Z_1, Z_2 et Z respectives de (B_1), de (B_2) et de la portion de circuit AB en fonction des caractéristiques des bobines et de la pulsation ω.
2. A quelle condition peut-on écrire $Z = Z_1 + Z_2$?
3. Cette condition étant remplie, calculer alors L_1 pour $L_2 = 0,12$ H ; $r_1 = 30\ \Omega$ et $r_2 = 60\ \Omega$.

Exercice 8.

Dans le montage de la figure ci-contre, E = 15 V ; C = 0,4 µF ; L = 80 mH. L'interrupteur K_2 est ouvert, on ferme K_1 puis, après quelques secondes, on l'ouvre à nouveau.
1. Quelle est la valeur de la charge q_o portée par l'armature supérieure du condensateur ? **0,25**
   a. Calculer, dans ces conditions, l'énergie électrostatique E_E et l'énergie magnétique E_M emmagasinées, respectivement dans le condensateur et dans la bobine.
2. A l'instant t = 0, on ferme l'interrupteur K_2 et on note : i l'intensité algébrique du courant dans la bobine ; q la charge de l'armature supérieure du condensateur.

a. Quelle relation y a-t-il entre i et dq/dt ?
b. En exprimant de deux façons différente la tension u aux bornes de la bobine, établir l'équation différentielle du circuit : $\dfrac{d^2u}{dt^2} + \dfrac{1}{LC}u = 0$.
3. Vérifier que la solution de cette équation différentielle est de la forme $u = U_m\cos(\omega_0 t + \varphi)$.
4. Calculer numériquement U_m et φ sachant qu'à l'instant initial, l'intensité est nulle.
5. Déterminer la valeur numérique de la période propre T_0 du circuit.
6. Calculer, à l'instant $T_0/4$: la charge q de l'armature supérieure ; l'intensité i dans la bobine ; l'énergie électrostatique E'_E et l'énergie mécanique E'_M présentes dans le circuit.

Exercice 9.

On alimente successivement par une même tension sinusoïdale u_{AD} les dipôles 1 et 2 représentés sur les figures 1 et 2. Le dipôle 1 comprend en série : deux résistances $r_1 = 10\ \Omega$ et $r_2 = 32\ \Omega$ et une bobine d'inductance L et de résistance r. Le dipôle 2 comprend en série : les deux résistances précédentes, la bobine précédente et un condensateur de capacité C. On suit sur le même oscilloscope bicourbe les variations des tensions u_{AD} (voie Y_1) et u_{BD} (voie Y_2) en fonction du temps. Les caractéristiques de l'oscilloscope sont les suivantes : $2,5.10^{-3}$ s.cm^{-1} pour la base des temps qui commande le balayage horizontal Ox ; voie Y_1 : 5 V.cm^{-1} pour la déviation verticale Oy ; voie Y_2 : 0,5 V.cm^{-1} pour la déviation verticale Oy. On observe successivement sur l'écran de l'oscilloscope les courbes représentées sur les figures 1 et 2.

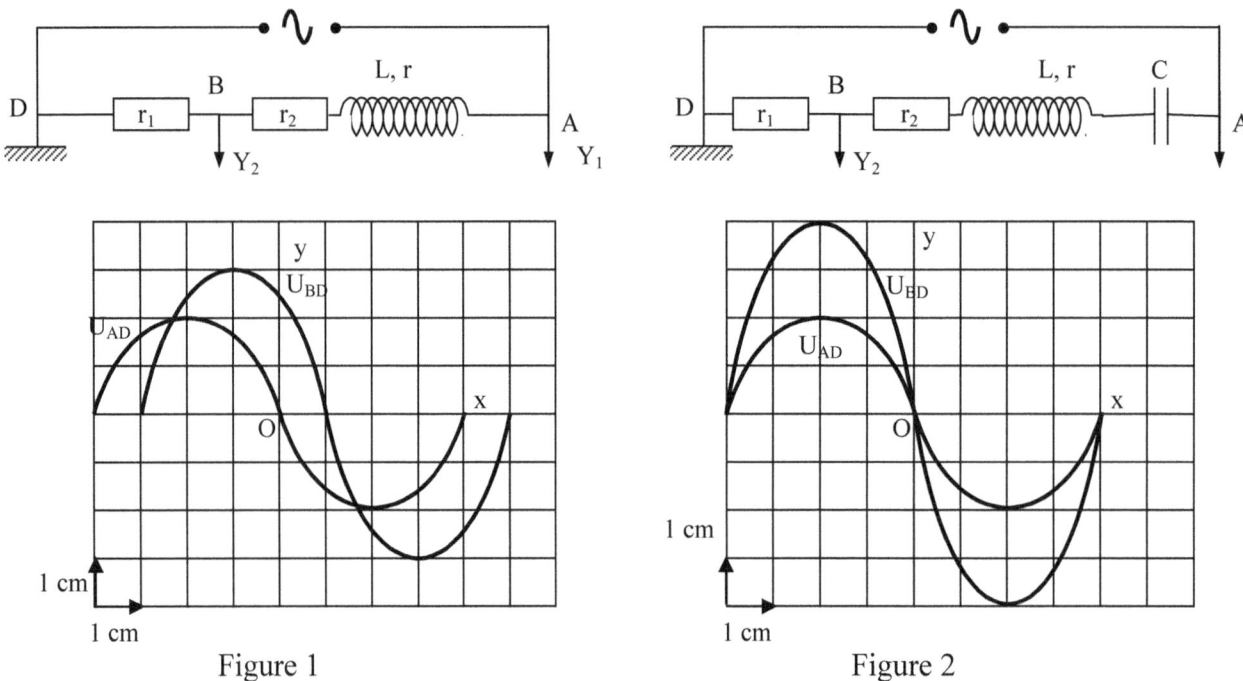

Figure 1   Figure 2

1. Donner l'expression en fonction du temps de la tension u_{AD}, en précisant les valeurs numériques de la tension maximale U_m, de la pulsation ω, e de la phase à l'origine φn la tension rapportée aux axes Ox et Oy des figures 1 et 2.
2. Etudier les déphasages entre l'intensité i_{AD} et la tension u_{AD} pour les dipôles 1 et 2. A quel cas particulier correspond le dipôle 2 ?
3. Déduire des résultats expérimentaux la résistance r de la bobine.
4. Calculer les valeurs numériques de L, inductance de la bobine et de C, capacité du condensateur.

Exercice 10. METHODE GRAPHIQUE.

Un générateur de tension u = 24 cos(500t) (unités SI) alimente un conducteur ohmique de résistance r = 10Ω, monté en série avec une bobine de résistance R et d'auto-inductance L. les tensions maximales aux bornes de r et de la bobine valent respectivement U_{mr} = 8,0 V et U_{mRL} = 20 V.

1. Construire soigneusement, à la règle et au compas, les vecteurs de Fresnel associés aux tensions (échelle : 1 cm pour 2V).
2. Mesurer au rapporteur la phase de u(t) par rapport à i(t). Déterminer l'expression de l'intensité instantanée.
3. Décalquer la construction précédente et réaliser la construction de Fresnel des impédances (échelle : 1 cm pour 2 Ω).

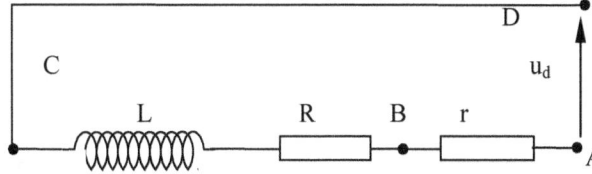

À partir de mesures au double décimètre, déterminer la résistance et l'auto-inductance de la bobine.

8. LA FORCE DE LAPLACE.

BREF RAPPEL DU COURS.

La loi de Laplace s'énonce : une portion de conducteur rectiligne de longueur l entièrement plongé dans un champ magnétique uniforme B subit une force magnétique $\vec{F} = I(\vec{l} \wedge \vec{B})$; $\vec{F}$ est le **produit vectoriel** de $\vec{l}$ par $\vec{B}$. Le vecteur $\vec{l}$ a le sens du courant et une norme égale à l. les caractéristiques de $\vec{F}$ sont :

- Direction : perpendiculaire au plan formé par $\vec{l}$ et $\vec{B}$;
- Sens : le trièdre ($\vec{l}, \vec{B}, \vec{F}$) est direct, ce qui se peut se traduire par la règle des trois doigts de la main droite.
- Intensité F = B.I.l sin α ; F en N, I en A, l en m, B en T ;
  $\alpha = (\widehat{\vec{l}, \vec{B}})$

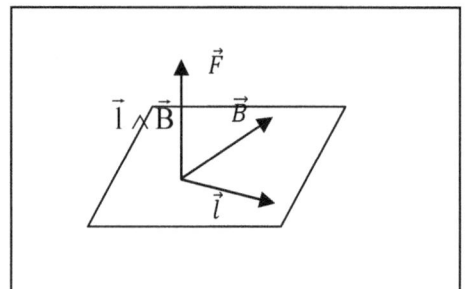

Si $\alpha = 0$, $\vec{v}$ parallèle à $\vec{B}$, alors, F = 0 ;
Si $\alpha = \pi/2$, alors F = BIl .
La Force de Laplace est une conséquence de la Force de Lorentz.

EXERCICES

Exercice 1.
Force de Laplace et de Lorentz
Trouver la direction et sens du vecteur manquant dans les différents cas suivants :
a) Force de Lorentz

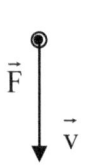 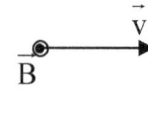 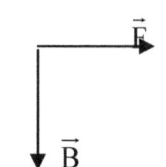 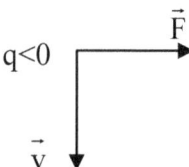

b) Force de Laplace.

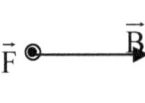 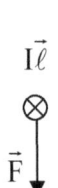 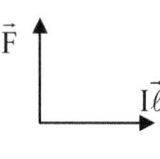 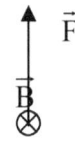

Exercice 2.
Un générateur produit un courant électrique d'intensité I = 10 A dans un circuit comprenant une barre de cuivre CD de longueur l = 10 cm et de masse m = 100 g. cette barre est mobile sans frottement sur deux rails conducteurs inclinés de $\alpha = 30°$ par rapport à l'horizontale ; CD est perpendiculaire aux rails et horizontal. L'ensemble est placé dans un champ magnétique $\vec{B}$ dont la valeur est B = 0,1 T ; $\vec{B}$ est perpendiculaire au plan des

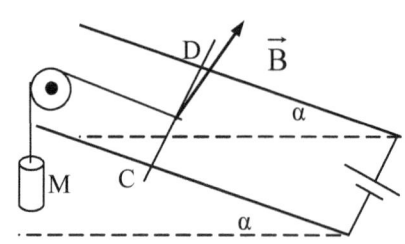

Exercices corrigés de Physique pour les Terminales scientifiques/Tchassé

rails. A l'aide d'un contrepoids de masse M, on maintient CD en équilibre. Calculer la valeur de M. g = 10 m.s^{-2}.

Exercice 3.

Un conducteur rectiligne et homogène OA, de masse m = 12 g et de longueur l = OA = 36 cm, est suspendu par son extrémité supérieure O à un point fixe. Le conducteur peut tourner librement autour de O. (voir figure). Les bornes C et D sont reliées à un générateur qui maintient dans le conducteur un courant d'intensité I = 7,5 A.

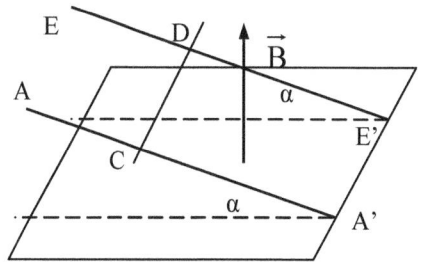

1. un champ magnétique uniforme est crée comme l'indique la figure. La direction de $\vec{B}$ est horizontale et le sens tel que indiqué sur le schéma. Le conducteur OA s'écarte de sa position d'équilibre d'un angle α = 5°30'. On suppose que A est situé au voisinage de la surface du mercure. Donner la polarité des bornes C et D.
2. calculer la valeur B du champ magnétique.

On donne d$_1$ = 20 cm ; d$_2$ = 25 cm.

Exercice 4.

Deux rails de cuivre AA' et EE' parallèles, sont inclinés par rapport au plan horizontal d'un angle α. Une tige en cuivre CD peut se déplacer sans frottement le long de ces deux rails.

L'ensemble est plongé dans un champ magnétique uniforme $\vec{B}$, vertical, dont le sens est de bas en haut. (voir figure) la tige CD reste perpendiculaire à AA'.

1. donner la polarité des bornes A et E pour que la tige CD puisse rester immobile lorsqu'un courant passe dans le circuit.
2. calculer alors l'intensité du courant. On désigne par m la masse de CD et on donne : CD = l = 18 cm ; α = 15°; m = 10 g ; B = 9,3.10^{-3} T ; g = 9,8 m.s^{-2}.

Exercice 5. LA BALANCE DE COTTON

MOA' est un levier coudé qui porte une plaquette isolante AA'C'C ; un fil conducteur est appliqué le long de OA'CC'O ; AA' et CC' sont des arcs de cercle de centre O. la balance est mobile autour de l'axe O, perpendiculaire au plan de la figure et en équilibre en l'absence du courant. On donne AC = 2 cm ; g = 9,8 N/kg ; l' = l. le champ magnétique B est uniforme, horizontal, perpendiculaire à AC.

1. préciser sur la figure les forces agissant sur la balance, ainsi que le sens du courant circulant dans le fil conducteur.
2. écrire la condition d'équilibre de cette balance.
3. afin de déterminer la valeur de B, on a fait les mesures suivantes pour les différentes valeurs de l'intensité du courant :

I(A)	0	1	2	3	4	5
m(g)	0	0,2	0,4	0,6	0,8	1

Tracer la représentation graphique de la fonction m = f(I) en choisissant une échelle appropriée. Déterminer à l'aide du graphique le coefficient directeur de la droite obtenue. En déduire B.

Exercice 6. La force de Laplace.

Un conducteur rigide en cuivre MN, de longueur l = 70 mm et de diamètre d = 2 mm est suspendu par l'intermédiaire de deux conducteurs très souples AM et CN, de longueur L = 1 m et de masse négligeable (voir figure). Un courant d'intensité I circule dans le sens AMNC. On dispose d'un aimant en U qui crée entre ses deux branches

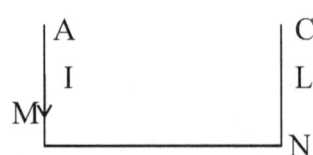

un champ magnétique uniforme $\vec{B}$, d'intensité 0,12 T ; champ que l'on suppose limité à la largeur de ses branches : D = 40 mm.

1. Indiquer sur un schéma comment il faut placer l'aimant pour que le conducteur MN soit soulevé. Calculer l'intensité minimale I qui permet ce soulèvement. On donne : g = 9,8 m.s^{-2} ; masse volumique du cuivre μ = 8900 kg.m^{-3}.
2. Indiquer comment il faut placer l'aimant pour que le conducteur MN soit soumis à une force de Laplace $\vec{F}$ horizontale dirigée d'arrière en avant sur la figure.
3. Calculer alors la mesure α de l'angle que font, à l'équilibre, les conducteurs AM et CN avec la verticale, lorsque l'intensité du courant électrique est celle de la question 1.

II - SOLUTIONS.

1 - CINEMATIQUE.

Solution 1.

1. $\begin{cases} x = 3t \\ y = -4t^2 + 5t \end{cases}$ on tire t = x/3 et en remplaçant dans y, on obtient $y = -4\left(\dfrac{x}{3}\right)^2 + 5\dfrac{x}{3} = -\dfrac{4x^2}{9} + \dfrac{5x}{3}$.

2. $\vec{v}\begin{vmatrix} v_x = 3 \\ v_y = -8t + 5 \end{vmatrix}$ À l'ordonnée maximale, la composante verticale v_y de la vitesse s'annule et il ne reste que la composante horizontale v_x ; à l'ordonnée maximale, la vitesse s'écrit donc $\vec{v} = 3\vec{i}$; elle a donc la même direction et le même sens que le vecteur unitaire $\vec{i}$.

3. y = 0 ⇒ -4t² + 5t = 0 soit t = 5/4 = 1,25s en remplaçant ans x, on obtient x = 3x(5/4) = 3,75 m.

4. à t = 6s, $\vec{v}\begin{vmatrix} v_x = 3 \\ v_y = -43 \end{vmatrix}$ la norme de v est $v = \sqrt{v_x^2 + v_y^2} = 43{,}10 \ m.s^{-1}$.

Solution 2.

$X = 2t^3 - 6t$; $v = \dfrac{dx}{dt} = 6t^2 - 6$ et $a = \dfrac{dv}{dt} = \dfrac{d^2x}{dt^2} = 12t$. Le produit a.v s'écrit 12t(6t2 – 6) = 36t(t + 1)(t – 1) l'étude des signes de ce produit donne :

t	0	+	1	+
t – 1		-		+
t + 1		+		+
t(t – 1)(t +1)		-		+

.le mouvement est ralenti dans l'intervalle pout 0< t < 1 et accéléré pour t > 1

Solution 3.

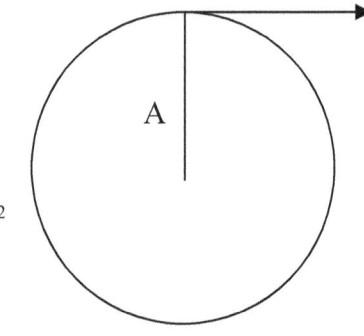

$\vec{v}\begin{vmatrix} v_x = -A\omega \sin \omega t \\ v_y = A\omega \cos \omega t \end{vmatrix} \Rightarrow v = \sqrt{A^2\omega^2(\sin^2 \omega t + \cos^2 \omega t)} = A\omega = 1 \ m.s^{-1}$

$\vec{a}\begin{vmatrix} a_x = -A\omega^2 \cos \omega t \\ a_y = A\omega^2 \sin \omega t \end{vmatrix} \Rightarrow a = \sqrt{A^2\omega^4(\cos^2 \omega t + \sin^2 \omega t)} = A\omega^2 = 10 \ m.s^{-2}$

L'accélération d'un mouvement circulaire s'écrit $\vec{a} = R\dot{\theta}^2 \vec{N} + R\ddot{\theta}\vec{T}$.

Pour le mouvement circulaire uniforme, la vitesse v est constante ; dans ces conditions, $a_T = \dfrac{dv}{dt} = 0$ et $\ddot{\theta} = 0$: l'accélération tangentielle est nulle, l'accélération angulaire aussi.

Il ne reste qu'une seule composante : $\vec{a} = \dfrac{v^2}{R}\vec{N} = R\dot{\theta}^2 \vec{N}$ l'accélération normale portée par le rayon et orienté vers le centre de la trajectoire circulaire : on dit qu'elle est **centripète**.

Solution 4.

1. t = y – 1 ⇒ x = (y + 1)² – 1 soit $y = \sqrt{x+1} + 1$.

$\vec{v}\begin{vmatrix} v_x = 2t \\ v_y = 1 \end{vmatrix} \Rightarrow v = \sqrt{4t^2 + 1}$ $\vec{a}\begin{vmatrix} a_x = 2 \\ a_y = 0 \end{vmatrix}$; la norme de a vaut 2 m.s⁻².

Exercices corrigés de Physique pour les Terminales scientifiques/Tchassé

Solution 5.

$$\vec{v} \begin{vmatrix} v_x = v_o \\ v_y = 2t \end{vmatrix} \Rightarrow \begin{vmatrix} x = v_o t + x_o \\ y = t^2 + y_o \end{vmatrix}$$ de x, on tire $t = \dfrac{x - x_o}{v_o}$ soit $y = \left(\dfrac{x - x_o}{v_o}\right)^2 + y_o$

$\underline{v = \sqrt{v_o^2 + 4t^2}}$

Solution 6.

Origine des axes, le train

Le train a un mouvement rectiligne uniformément varié ; son équation horaire s'écrit $x_T = 1/2\, at^2 + v_0 t + x_0$ le train démarre donc $v_o = 0$; il reste donc $x = 0{,}6t^2$. le voyageur a un mouvement uniforme : son équation horaire s'écrit $x_V = 6{,}67t - 25$

Ils se rencontrent lorsque $x_V = x_T$ c'est-à-dire si $0{,}6t^2 = 6{,}67t - 25$ soit $0{,}6t^2 - 6{,}67t + 25 = 0$; le discriminant de cette équation s'écrit : $\Delta = -6{,}67^2 - 4 \times 0{,}6 \times 25 = -104{,}49$; c'est négatif ; l'équation n'a pas de solution ; conclusion, **le voyageur ne rattrape pas le train.**

La distance $D = x_V - x_T = 0{,}6t^2 - 6{,}67t + 25$ est minimale lorsque sa dérivée par rapport à t est nulle ; soit $1{,}2t - 6{,}67 = 0$; on en tire $t = 5{,}56 s$; la valeur minimale est $Dm = 0{,}6 \times 5{,}56^2 - 6{,}67 \times 5{,}56 + 25 = $ **6,46 m**

Solution 7.

Solution $v = \dfrac{dx}{dt} = 3{,}4t$. A $t=6s$, $v=20{,}4 m/s$; $x=61{,}2m$; l'accélération de la voiture est $a = 3{,}4/s^2$. Le mouvement est accéléré.

Solution 8:

1. $\begin{cases} x = 3t \\ y = -4t^2 + 5t \end{cases}$ on tire $t = \dfrac{x}{3} \Rightarrow y = -4\left(\dfrac{x}{3}\right)^2 + \dfrac{5x}{3}$

2. $\begin{cases} v_x = 3 \\ v_y = -8t + 5 \end{cases}$; la valeur maximale de y correspond à $v_y = 0$; à ce moment - là, la vitesse n'a qu'une seule composante $v_x = 3$.

3. $y = 0 \Rightarrow t(-4t+5) = 0$, soit $t = 5/4$; $x = (3 \times 5)/4 = 3{,}75$ m.

4. à $t = 6$ s $\begin{cases} v_x = 3 \\ v_y = -8 \times 6 + 5 \end{cases}$ la norme de la vitesse est $v = 43{,}10$ m.s^{-1}.

Solution 9.

Equation horaire de l'automobile :

- pour $t < 7s$, mouvement uniformément varié : $x_A = \dfrac{1}{2}at^2 = 1{,}25t^2$;
- pour $t > 7s$, on commence par trouver la vitesse de l'auto à cette date ; $v_1 = at = 2{,}5 \times 7 = 17{,}5$ m.s^{-1} et la distance parcourue est $x_1 = 1{,}25 \times 7^2 = 61{,}25$ m ; le mouvement est uniforme ; l'équation horaire s'écrit donc : $x_A = v_1(t - 7) + 61{,}25 = 17{,}5t - 61{,}25$.

Exercices corrigés de Physique pour les Terminales scientifiques/Tchassé

Le camion a un mouvement uniforme ; son équation horaire du camion s'écrit : $x_C = v_C t - 20$. l'origine des espaces est l'abscisse de l'automobile.
Dates de rencontres :
- pour t < 7 s, $x_A = x_C$; $1,25t^2 = 12,5t - 20$; on obtient l'équation du second degré $1,25t^2 - 12,5t + 20 = 0$. Solutions : $t_1 = 8$ s et $t_2 = 2$ s ; on retient la deuxième solution comprise dans l'intervalle t <7s.
- Pour t > 7s, $x_A = x_C$; $17,5t - 61,25 = 12,5t - 20$; cette équation a pour solution t = 8,25 s.

Les abscisses sont obtenues en remplaçant les valeurs trouvées dans les équations horaires : pour t = 2s, on a $x_A = 1,25 \times 2^2 = 5$ m pour la première rencontre, et $x_A = 83,125$ m pour la deuxième rencontre.
Les vitesses sont pour la première rencontre à t = 2 s; $v_A = 2,5 \times 2 = 5$ m.s^{-1} et $v_C = 12,5$ m.s^{-1} : le camion dépasse l'automobile; à t = 8,25 s, $v_A = 17,5$ m.s^{-1} et $v_C = 12,5$ m.s^{-1} ; l'automobile dépasse le camion.

Solution 10.
: soit v_A, v_B et v_C les vitesses respectives aux points A, B et C. $AB = l_1$ et $BC = l_2$. $v_B^2 - v_A^2 = 2a_1 l_1$ et $v_C^2 - v_B^2 = 2a_2 l_2$

$$\begin{cases} v_B^2 - v_A^2 = 2a_1 l_1 \\ v_C^2 - v_B^2 = 2a_2 l_2 \end{cases}$$

$$v_C^2 - v_A^2 = 2a_1 l_1 + 2a_2 l_2$$

$v_A = v_C = 0 \Rightarrow 2a_1 l_1 + 2a_2 l_2 = 0$; c'est une première équation ; la deuxième s'obtient en écrivant AC = d = $l_1 + l_2$. les deux forment le système suivant :

$$\begin{cases} 2a_1 l_1 + 2a_2 l_2 = 0 \\ l_1 + l_2 = d \end{cases} \Rightarrow \begin{cases} 2a_1 l_1 + 2a_2 l_2 = 0 \\ -2a_1 l_1 - 2a_1 l_2 = -2a_1 d \end{cases} \Rightarrow 2l_2 (a_2 - a_1) = -2a_1 d \Rightarrow l_2 = \frac{a_1 d}{a_1 - a_2}$$ A.N. l_2 = 1417 m ; $l_1 = d - l_2 = 83$ m.

$l_1 = \frac{1}{2} a_1 \theta_1^2 \Rightarrow \theta_1 = \sqrt{\frac{2l_1}{a_1}} = 13,97$ s et $\theta_2 = 238,1$ s. d=1/2$a_2(\theta - \theta_1)^2 + a_2(\theta - \theta_1)$+$l_1$

au point B, on a $v_B = a_1 \theta_1 = 11,87$ m.s^{-1}. ; on peut aussi calculer la durée de la deuxième phase en faisant $\theta_2 = \frac{v_C - v_B}{a_2} = -\frac{v_B}{a_2} = 237,4s$.

$v_C = a_2(\theta - \theta_1) + v_B = 0$;

Solution 11.

1. $\begin{cases} x = 3t \\ y = -4t^2 + 5t \end{cases}$ on tire t = x/3 et en remplaçant dans y, on obtient $y = -4\left(\frac{x}{3}\right)^2 + 5\frac{x}{3} = -\frac{4x^2}{9} + \frac{5x}{3}$

2. $\vec{v} \begin{vmatrix} v_x = 3 \\ v_y = -8t + 5 \end{vmatrix}$ À l'ordonnée maximale, la composante verticale v_y de la vitesse s'annule et il ne reste que la composante horizontale v_x ; à l'ordonnée maximale, la vitesse s'écrit donc $\vec{v} = 3\vec{i}$; elle a donc la même direction et le même sens que le vecteur unitaire $\vec{i}$.

3. $y = 0 \Rightarrow -4t^2 + 5t = 0$ soit t = 5/4 = 1,25s en remplaçant ans x, on obtient x = 3x(5/4) = 3,75 m.

4. à t = 6s, $\vec{v} \begin{vmatrix} v_x = 3 \\ v_y = -43 \end{vmatrix}$ la norme de $\vec{v}$ est $v = \sqrt{v_x^2 + v_y^2} = 43,10$ m.s^{-1}.

Solution 12.

Exercices corrigés de Physique pour les Terminales scientifiques/Tchassé

1. $\begin{cases} x = 5t \\ y = 3t^2 - 4t \end{cases}$ de la première, on tire $t = \dfrac{x}{5} \Rightarrow y = \dfrac{3x^2}{25} - \dfrac{4x}{5}$

2. lorsque le mobile passe par l'ordonnée $y = 0$, on peut écrire $y = 3t^2 - 4t = 0$, soit $t = 4/3$; si on remplace t par sa valeur dans x, on obtient $x = 5 \times 4/20 = 6{,}67$ m ; on peut aussi résoudre l'équation $y = \dfrac{3x^2}{25} - \dfrac{4x}{5} = 0$, ce qui conduit au même résultat.

3. $\begin{cases} v_x = \dfrac{dx}{dt} = 5 \\ v_y = \dfrac{dy}{dt} = 6t - 4 \end{cases}$ lorsqu'on replace dans v_y la valeur trouvée ci-dessus, on obtient

$\begin{cases} v_x = 5 \\ v_y = 4 \end{cases}$ soit $v = \sqrt{v_x^2 + v_y^2} = 6{,}40 \text{ m.s}^{-1}$.

A t = 4s, $\overrightarrow{OM}\begin{cases} x = 20 \\ y = 32 \end{cases}$ et $\vec{v}\begin{cases} v_x = 5 \\ v_y = 20 \end{cases}$; ce qui donne $v = \sqrt{v_x^2 + v_y^2} = 20{,}61 \text{ m.s}^{-1}$.

5. $\begin{cases} a_x = \dfrac{d^2x}{dt^2} = 0 \\ a_y = \dfrac{d^2y}{dt^2} = 6 \end{cases}$; $a = 6 \text{ m.s}^{-2}$. a est constante

Solution 13.

$\vec{a} = a_T \vec{T} + a_N \vec{N}$: $a_T = \dfrac{dv}{dt}$ et $a_N = \dfrac{v^2}{\rho}$; a_N est la composante normale, et a_T la composante tangentielle ; v est le module du vecteur vitesse, et ρ le rayon de courbure de la trajectoire

- Accélération normale : $a_N = \dfrac{v^2}{R} = \dfrac{(R\dot\theta)^2}{R} = R\dot\theta^2$

- Accélération tangentielle : $a_T = \dfrac{dv}{dt} = \dfrac{d(R\dot\theta)}{dt} = R\dfrac{d\dot\theta}{dt} = R\ddot\theta$; $\ddot\theta$ est **l'accélération angulaire** ; elle s'exprime en **rad.s^{-2}**.

L'accélération d'un mouvement circulaire s'écrit $\vec{a} = R\dot\theta^2 \vec{N} + R\ddot\theta \vec{T}$.

Pour le mouvement circulaire uniforme, la vitesse v est constante ; dans ces conditions, $a_T = \dfrac{dv}{dt} = 0$ et $\ddot\theta = 0$: l'accélération tangentielle est nulle, l'accélération angulaire aussi.

L'accélération d'un mobile animé d'un mouvement circulaire uniforme n'a qu'une seule composante : $\vec{a} = \dfrac{v^2}{R}\vec{N} = R\dot\theta^2 \vec{N}$ l'accélération normale portée par le rayon et orienté vers le centre de la trajectoire circulaire : on dit qu'elle est **centripète**.

A.N. $a = 0{,}1 \times \left(\dfrac{33{,}3}{60}\right)^2 \times 4\pi^2 = 1{,}22 \text{ m.s}^{-2}$.

3. l'accélération ayant maintenant deux composantes, sa norme vaut $a = \sqrt{(R\dot\theta^2)^2 + (R\ddot\theta)^2} = \sqrt{\left(0{,}1 \times \left(\dfrac{2\pi \times 10}{60}\right)^2\right)^2 + (2 \cdot 10^{-5})^2} = 0{,}11 \text{ m.s}^{-2}$.

Solution 14

$a = \dfrac{v_1^2 - v_0^2}{2(x_1 - x_0)} = \dfrac{4,7^2 - (-1)^2}{2(5-(-0,5))} = 1,92 \text{ m.s}^{-2}$.

$v = at + v_0$; au point d'abscisse $x_1 = +5$ m, la vitesse $v_1 = +4,7$ m/s ; donc $v_1 = at_1 + v_0$ on en tire $t_1 = \dfrac{v_1 - v_0}{a} = \dfrac{4,7 - (-1)}{1,92} = 2,97$ s.

$x = 0,96t^2 - t - 0,5$.

4. $x' = v(t-2) + 5 = 4t - 3$; à la rencontre, $x = x' \Rightarrow t = 4,65$ s en remplaçant $x = 15,6$ m.

2 - LES LOIS DE NEWTON.

Solution 1.

Bilan des forces : $\vec{P}, \vec{R}, \vec{F}$

La vitesse de la valise est constante ; d'après le principe de
$\vec{P} + \vec{R} + \vec{F} = \vec{0}$ l'inertie, après projection,

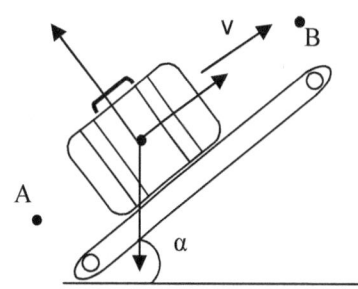

$-P\sin\alpha + F = 0 \Rightarrow F = Mg\sin\alpha = 98N$

$W(\vec{P}) = mgh = mgl\sin\alpha = W(\vec{F}) = 490N$

Solution 2.

On cherche l'accélération avec le théorème de l'énergie cinétique.

$\Delta EC = \sum W(\vec{F}_{ext}) = W(\vec{P}) + W(\vec{P'})$, soit

$E_{Cf} - E_{Ci} = mgh - mgh'$; $E_{Ci} = 0$ puisque la vitesse initiale est nulle ; $\frac{1}{2}Mv^2 + \frac{1}{2}mv^2 = mgh$

$\frac{1}{2}Mv^2 + \frac{1}{2}mv^2 = mgh$ donc $v^2(M+m) = 2ghm$; en identifiant avec $v^2 = 2ah$, ou en dérivant, on

obtient donc $a = g\frac{m}{(M+m)}$. A.N. a =2,8m.s^{-2}

Le TCI, $\vec{P} + \vec{T} = M\vec{a}$ appliqué à B donne après projection T = Ma, soit T= 14N ; on peut aussi appliquer le TCI à C ; cela donne $\vec{p} + \vec{T} = m\vec{a}$ après projection sur un axe vertical descendant, p

p – T = ma, soit T = p – ma = m(g – a)=14N. $h = \frac{1}{2}at^2 \Rightarrow t = \sqrt{\frac{2h}{a}}$ A.N.t=0,845s. La vitesse

v=at=2,37m.s^{-1} ou encore $v^2 = 2ah \Rightarrow v = \sqrt{2ah}$ =2,37m.s^{-1}

Solution 3.

$v = at \Rightarrow a = \frac{v}{t} = \frac{18,05}{45,1} = 0,40 m.s^{-2}$ le TCI s'écrit

$\vec{P} + \vec{R} + \vec{f} = M\vec{a} \Rightarrow P\sin\alpha - f = Ma$; soit $f = M(g\sin\alpha - a)$ A.N f=422,4N

$x = \frac{1}{2}at^2$ =406,802m

Solution 4.

La voiture roule à vitesse constante : on peut donc écrire
$\sum \vec{F}_{ext} = \vec{0}$; soit $\vec{P} + \vec{R} + \vec{F} = \vec{0}$; on otient par projection F = P sin α = Mg sin α
A.N. F = 1176 N.

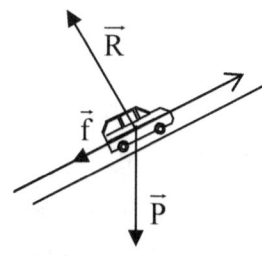

2.a. calcul de l'accélération de la voiture quand on a coupé le moteur ; application du TCI :
Système : voiture ; bilan des forces : le poids et la réaction de la chaussée ; on est dans le référentiel terrestre supposé galiléen ; le TCI s'écrit :
$\sum \vec{F}_{ext} = m\vec{a}$; soit $\vec{P} + \vec{R} = m\vec{a}$; on otient par projection $-P\sin\alpha = Ma \Rightarrow a = -g\sin\alpha$. A.N. a = -

$0,98$ m.s^{-2}. quand on coupe le moteur, la voiture a un mouvement uniformément varié ; sa vitesse instantanée s'écrit ; $v = at + v_0$; la vitesse finale étant nulle, $v = 0$; on en tire $t = -\dfrac{v_0}{a} = 25,51$ s.

La distance parcourue peut se calculer de deux façons ;

$x = \dfrac{1}{2}at^2 + v_0 t$; avec $t = 25,51$s, on a $x = 318,87$ m

$v^2 - v_0^2 = 2ax$; $v = 0$; $x = \dfrac{v_0^2}{2a} = 318,87$ m

Lorsqu'on tient compte de la force de frottement, le TCI devient :

$\sum \vec{F}_{ext} = m\vec{a}$; soit $\vec{P} + \vec{R} + \vec{f} = m\vec{a}$; on obtient par projection $-P\sin\alpha - f = Ma \Rightarrow a = -g\sin\alpha - \dfrac{f}{M}$;

A.N. $a = -1,23$ m.s^{-2}

Avec cette nouvelle valeur de l'accélération, on applique les formules ci-dessus et on trouve la durée du parcours $t = 20,33$ s, et la distance parcourue $x = 254,065$ m.

Solution 5.

Pour trouver le sens de rotation de a poulie, on compare les moments des forces qui lui sont appliquées ; il s'agit en l'occurrence des moments des tensions $\vec{T'_1}$ et $\vec{T'_2}$, dont les intensités sont en fait égales respectivement à celles du poids $\vec{P}$ et à la projection de $\vec{P'}$ sur la ligne de plus grande pente du plan, soit, P'sinα. On a donc $M(\vec{P}) = mgR = 0,294$ N.m, et $M(\vec{P'}) = m'gR'\sin\alpha = 0,098$ N.m ; comme $M(\vec{P}) > M(\vec{P'})$, la poulie tourne dans le sens des aiguilles d'une montre.

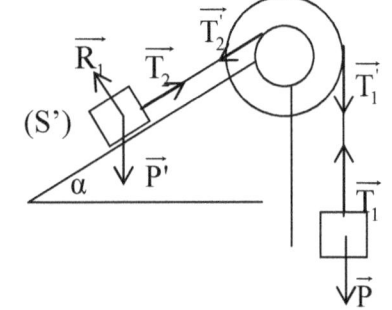

2. les relations entre la vitesse angulaire de la poulie et les vitesses linéaires des solides s'écrivent :

on a d'abord $\theta = \dfrac{h}{R} = \dfrac{h'}{R'}$ (1), puis, $\dot{\theta} = \dfrac{v}{R} = \dfrac{v'}{R'}$;

3. le théorème de l'énergie cinétique s'écrit : $\Delta E_C = \sum W(\vec{F}_{ext}) = W(\vec{P}) + W(\vec{P'})$, soit $E_{Cf} - E_{Ci} = mgh - mgh'$; $E_{Ci} = 0$ puisque la vitesse initiale est nulle ;

$\dfrac{1}{2}mv^2 + \dfrac{1}{2}m'v'^2 + \dfrac{1}{2}J_\Delta \dot{\theta}^2 = mgh - m'gl'\sin\alpha$; $l' = \dfrac{R'}{R}xh$

$\dfrac{1}{2}mv^2 + \dfrac{1}{2}m'\left(\dfrac{R'}{R}v\right)^2 + \dfrac{1}{2}J_\Delta \left(\dfrac{v}{R}\right)^2 = mgh - m'g\dfrac{R'}{R}xh\sin\alpha$;

donc $v^2\left(m + m'\left(\dfrac{R'}{R}\right)^2 + \dfrac{J_\Delta}{R^2}\right) = 2gh\left(m - m'\sin\alpha \dfrac{R'}{R}\right)$; en identifiant avec $v^2 = 2ah$, ou en dérivant, on obtient donc $a = g\dfrac{\left(m - m'\sin\alpha \dfrac{R'}{R}\right)}{\left(m + m'\left(\dfrac{R'}{R}\right)^2 + \dfrac{J_\Delta}{R^2}\right)}$. A.N. $a = 3,13$ m.s^{-2}.

$h = \dfrac{1}{2}at^2 \Rightarrow t = \sqrt{\dfrac{2h}{a}} = 1,13$ s ; $a' = \dfrac{R'}{R}a = 1,57$ m.s^{-2} ; $l' = \dfrac{R'}{R}h = 1$ m ; le déplacement de S' peut aussi se calculer avec $l' = \frac{1}{2} a't^2$. On peut calculer la vitesse de deux manières ; $v^2 = 2ah$ ou $v = at$. Ce qui donne $v = 3,24$ m/s ; $v' = (R'/R)v = 1,77$ m/s. la vitesse angulaire de la poulie vaut :

$\dot{\theta} = \dfrac{v}{R} = 17,7 \text{rad.s}^{-1}$. $E_C = \dfrac{1}{2}v^2\left(m + m'\left(\dfrac{R'}{R}\right)' + \dfrac{J_\Delta}{R^2}\right) = 0,553 \text{ J}$.

Solution 6.

Pour trouver le sens de rotation de la poulie, il faut comparer les moments des force qui lui sont appliqués

$M(\vec{P}) = PR = MgR = 0,5 \times 9,8 \times 0,5 = 2,48 \text{N.m}$

$M(\vec{P}') = P'R' = M'gR' = 0,2 \times 9,8 \times 1 = 1,96 \text{N.m}$

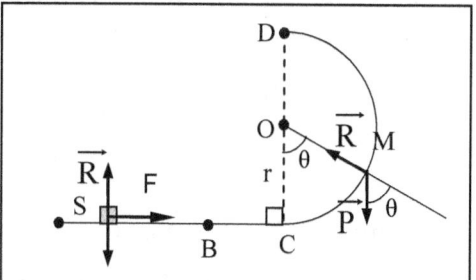

$\dot{\theta} = \dfrac{v}{R} = \dfrac{v'}{R'}$ 3. le théorème de l'énergie cinétique s'écrit :

$\Delta E_C = \sum W(\vec{F}_{ext}) = W(\vec{P}) + W(\vec{P}')$, soit

$E_{Cf} - E_{Ci} = mgh - mgh'$; $E_{Ci} = 0$ puisque la vitesse initiale est nulle;

$\dfrac{1}{2}mv^2 + \dfrac{1}{2}m'v'^2 + \dfrac{1}{2}J_\Delta \dot{\theta}^2 = mgh - m'gh'$; $h' = \dfrac{R'}{R} \times h$

$\dfrac{1}{2}mv^2 + \dfrac{1}{2}m'\left(\dfrac{R'}{R}v\right)^2 + \dfrac{1}{2}J_\Delta\left(\dfrac{v}{R}\right)^2 = mgh - m'g\dfrac{R'}{R}xh$;

donc $v^2\left(m + m'\left(\dfrac{R'}{R}\right)^2 + \dfrac{J_\Delta}{R^2}\right) = 2gh\left(m - m'\dfrac{R'}{R}\right)$; en identifiant avec $v^2 = 2ah$, ou en dérivant, on

obtient donc $a = g\dfrac{\left(m - m'\dfrac{R'}{R}\right)}{\left(m + m'\left(\dfrac{R'}{R}\right)^2 + \dfrac{J_\Delta}{R^2}\right)}$ .A.N. a = 0,092 m.s^{-2}.

$h = \dfrac{1}{2}at^2 \Rightarrow t = \sqrt{\dfrac{2h}{a}} = 6,59 \text{s}$; $a' = \dfrac{R'}{R}a = 0,036 \text{m.s}^{-2}$; $h' = \dfrac{R'}{R}h = 0,8 \text{m}$; le déplacement de S' peut aussi se calculer avec h' = ½ a't². On peut calculer la vitesse de deux manières ; v² = 2ah ou v = at. Ce qui donne v = 0,61 m/s ; v' = (R'/R)v = 0,24 m/s. la vitesse angulaire de la poulie vaut :

$\dot{\theta} = \dfrac{v}{R} = 1,22 \text{rad.s}^{-1}$. $E_C = \dfrac{1}{2}v^2\left(m + m'\left(\dfrac{R'}{R}\right)' + \dfrac{J_\Delta}{R^2}\right) = 2,03 \text{ J}$.

Solution 7

1. entre A et B les forces suivantes s'exercent sur le solide : le poids $\vec{P}$, la réaction de la piste $\vec{R}$, la force $\vec{F}$, .Le théorème de l'énergie cinétique s'écrit $\Delta E_C = \Sigma W(F) = W(\vec{P}) + W(\vec{R}) + W(\vec{F})$.

   $W(\vec{P}) = W(\vec{R}) = 0$ et $W(\vec{F}) = F.AB$; le solide est initialement au repos en A donc $v_A = 0$; le théorème de l'énergie cinétique se réduit donc à

   $\dfrac{1}{2}mv_B^2 = F.AB \Rightarrow v_B = \sqrt{\dfrac{2Fl}{m}}$.

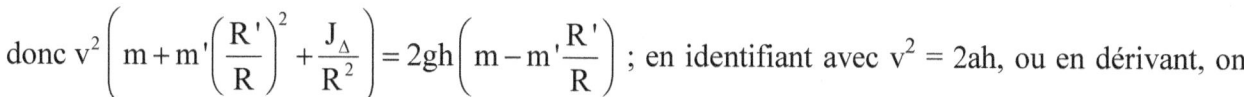

2. entre B et C, la force $\vec{F}$ ne s'exerce plus ; le solide n'est plus soumis qu'à son poids et à la réaction de la piste dont les travaux sont nuls ; l'application du théorème de l'énergie cinétique montre que $v_C = v_B$.

l'application du théorème d'énergie cinétique entre C et M s'écrit : $\Delta Ec = \Sigma W(F) = W(\vec{P}) + W(\vec{R})$; $W(\vec{R}) = 0$ et $W(\vec{P}) = -mgr(1-\cos\theta)$ donc $\frac{1}{2}mv_M^2 - \frac{1}{2}mv_B^2 = -mgr(1-\cos\theta)$; on en tire $v_M = \sqrt{v_B^2 - 2gr(1-\cos\theta)} = \sqrt{\frac{2Fl}{m} - 2gr(1-\cos\theta)}$.

Pour trouver l'expression de la réaction $\vec{R}$ on applique le TCI. Système : solide S, référentiel du laboratoire supposé galiléen ; bilan des forces : le poids $\vec{P}$, la réaction de la piste $\vec{R}$. Le TCI s'écrit : $\sum \vec{F}_{ext} = m\vec{a}$ soit $\vec{P} + \vec{R} = m\vec{a}$; par projection de cette relation sur un axe porté par un rayon et orienté vers le centre de la trajectoire, on obtient $-P\cos\theta + R = ma_N$; le mouvement étant circulaire, l'accélération a eux composantes, et lors de la projection sur l'axe choisi, l'accélération tangentielle a_T est nulle ; il ne reste que l'accélération normale $a_N = v^2/r$.

$-mg\cos\theta + R = m\frac{v_M^2}{r} \Rightarrow R = mg\cos\theta + m\frac{v_M^2}{r}$; lorsqu'on remplace v_M par l'expression trouvée ci-dessus, on obtient : $R = \frac{m}{r}\left[\frac{2Fl}{m} - 2gr(1-\cos\theta)\right] + mg\cos\theta = \frac{2Fl}{r} + mg(3\cos\theta - 2)$.

Au point D, $\theta = \pi$ et $\cos\pi = -1$; cela donne $R = \frac{2Fl}{r} + mg(-3-2) = \frac{2Fl}{r} - 5mg$.

La valeur minimale de F_o de F correspond à $R = 0$, c'est-à-dire que le solide décolle juste au point D.

$R = 0 \Leftrightarrow \frac{2F_o l}{r} - 5mg = 0 \Rightarrow F_o = \frac{5mgr}{2l} = 8,16$ N.

Solution 8.

Le théorème de l'énergie cinétique s'écrit :
$\Delta EC = \sum W(\vec{F}) \Rightarrow E_{CE} - E_{CA} = W(\vec{P}) + W(\vec{R}) = mgh = mgR(\cos 30 - \cos 60)$

$\frac{1}{2}mv_E^2 - \frac{1}{2}mv_A^2 = mgR(\cos 30 - \cos 60) \Rightarrow v_E = \sqrt{2gR(\cos 30 - \cos 60) + v_A^2} = 11,98 \text{ m.s}^{-1}$

$\Delta EC = \sum W(\vec{F}) \Rightarrow E_{CC} - E_{CA} = W(\vec{P}) + W(\vec{R}) + W(\vec{f}) = mgR(1-\cos 60) - f(AB + BC) =$

$mgR(1-\cos 60) - f(R\times\frac{\pi}{3} + BC) \Rightarrow f = \dfrac{mgR(1-\cos 60) - \left(\dfrac{1}{2}mv_C^2 - \dfrac{1}{2}mv_A^2\right)}{R\dfrac{\pi}{3} + \ell} = 0,44 N$

Solution 9.

l'application du théorème d'énergie cinétique entre A et S s'écrit : $\Delta Ec = \Sigma W(F) = W(\vec{P}) + W(\vec{R})$; $W(\vec{R}) = 0$ et $W(\vec{P}) = mgr(1-\cos\theta)$ donc $\frac{1}{2}mv_S^2 = mgr(1-\cos\theta)$; on en tire $v_S^2 = 2gr(1-\cos\theta)$.

Pour trouver l'expression de la réaction $\vec{R}$ on applique le TCI. Système : solide S, référentiel du laboratoire supposé galiléen ; bilan des forces : le poids $\vec{P}$, la réaction de la piste $\vec{R}$. Le TCI s'écrit : $\sum \vec{F}_{ext} = m\vec{a}$ soit $\vec{P} + \vec{R} = m\vec{a}$; par projection de cette relation sur un axe porté par un rayon et orienté vers le centre de la trajectoire, on obtient $-P\cos\theta + R = ma_N$; le mouvement étant circulaire, l'accélération a deux composantes, et lors de la projection sur l'axe choisi, l'accélération tangentielle a_T est nulle ; il ne reste que l'accélération normale $a_N = v^2/r$.

$-mg\cos\theta + R = -m\dfrac{v_s^2}{r} \Rightarrow R = mg\cos\theta - m\dfrac{(2gr(1-\cos\theta))}{r} = mg\cos\theta - 2mg + 2mg\cos\theta$; cela $R = 3mg\cos\theta - 2mg$. Quand il n'y a plus de contact avec la sphère, $R = 0$ donc $3\cos\theta - 2 = 0$; on en déduit $\cos\theta = 2/3$ soit $\theta = 48{,}2°$.

La vitesse à cet instant là vaut $v = \sqrt{2gR(1-\cos\theta)} = 2{,}56$ m/s.

Solution 10.

- Équilibre de (S_1) les forces qui s'exercent sont : $\vec{P_1}, \vec{R_1}, \vec{T_1}$; on a donc : $\vec{P_1} + \vec{R_1} + \vec{T_1} = \vec{0}$; la projection de cette relation sur un axe parallèle à la ligne de plus grande pente du plan incliné donne $T_1 = T'_1 = m_1 g\sin\alpha$. **(1)**

- Equilibre de (S_2) ; les forces qui s'exercent sont : $\vec{P_2}, \vec{T_2}$; on a donc : $\vec{P_2} + \vec{T_2} = \vec{0}$; la projection de cette relation sur un axe verticale donne $T'_2 = T_2 = m_2 g$. **(2)**

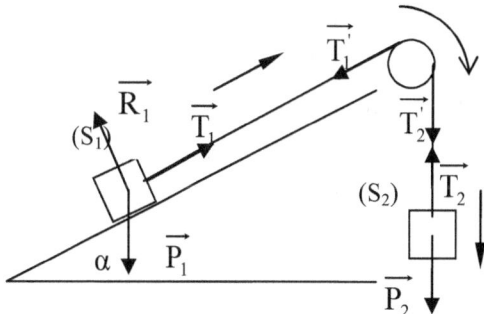

- Equilibre de la poulie : les forces qui s'exercent sur la poulie $\vec{T'_1}, \vec{T'_2}$; la masse de la poulie étant négligeable, les deux tensions ont la même intensité : $T'_1 = T'_2$. Lorsqu'on remplace dans (1) et (2), on obtient $m_2 = m_1\sin\alpha$.

Le théorème de l'énergie cinétique s'écrit $\Delta E_c = \Sigma W(F) = W(\vec{P_1}) + W(\vec{R_1}) + W(\vec{P_2})$; les tensions sont des forces intérieures, et d'autre part, leurs travaux s'annulent $W(\vec{T'_1}) = -W(\vec{T_1})$ et $W(\vec{T'_2}) = -W(\vec{T_2})$; le travail de la réaction est nul, puisqu'elle est perpendiculaire au déplacement

Le système n'ayant pas de vitesse initiale, le théorème de l'énergie cinétique pour un déplacement de longueur x de (S_2) s'écrit :

$E_{c2} = W(\vec{P_1}) + W(\vec{P_2}) = \dfrac{1}{2}m_1 v_1^2 + \dfrac{1}{2}m_2 v_2^2 = -m_1 g x \sin\alpha + m_2 g x$ or $v_1 = v_2$. On en déduit $v^2 = \dfrac{2g(m_2 - m_1\sin\alpha)}{m_1 + m_2}x$ par dérivation de cette expression ou par identification avec la relation $v^2 = 2ax$, il vient $a = \dfrac{m_2 - m_1\sin\alpha}{m_1 + m_2}g$.

pour l'application du TCI, on subdivise le système en trois parties, et on choisit un sens du mouvement ; toutes les parties du système qui ont un mouvement de translation ont la même vitesse et la même accélération.

(S_1) : $\vec{P_1} + \vec{R_1} + \vec{T_1} = m_1\vec{a}$; ce qui donne par projection $-m_1 g\sin\alpha + T_1 = m_1 a$. (1)

(S_2) : $\vec{P_2} + \vec{T_2} = m_2\vec{a}$; projection sur un axe vertical descendant $mg - T_2 = m_2 a$. (2)

Poulie : $M(\vec{T'_1}) + M(\vec{T'_2}) = J_\Delta \ddot\theta \Rightarrow T'_2 R - T'_1 R = J_\Delta \ddot\theta$; on en tire $T_2 - T_1 = J_\Delta \dfrac{\ddot\theta}{R}$ (3) $\ddot\theta = \dfrac{a}{R}$; lorsqu'on remplace dans (3) on a $T_2 - T_1 = a/R^2$.

$$\begin{cases} -m_1 g \sin\alpha + T_1 = m_1 a \\ mg - T_2 = m_2 a \\ T_2 - T_1 = \dfrac{J_\Delta a}{R^2} \end{cases}$$

$$-m_1 g \sin\alpha + m_2 g = \left(m_1 + m_2 + \dfrac{J_\Delta}{R^2}\right)a \Rightarrow a = \dfrac{m_2 - m_1 \sin\alpha}{m_1 + m_2 + \dfrac{J_\Delta}{R^2}} g$$

Solution 11

r = lsinα, avec l = OG.
Application du théorème du centre d'inertie.
- Système : boule.
- Référentiel du laboratoire supposé galiléen ;
- Bilan des forces : le poids de la boule $\vec{P}$, la tension du fil $\vec{T}$.

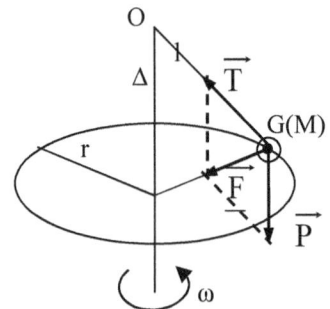

$\vec{P} + \vec{T} = m\vec{a}$. en exploitant la construction graphique, on peut écrire $\tan\alpha = \dfrac{F}{P} = \dfrac{ma}{mg} = \dfrac{a}{g}$;

comme le mouvement de la boule est circulaire uniforme, $a = r\omega^2 = \omega^2 l \sin\alpha \Rightarrow$

$\tan\alpha = \dfrac{\omega^2 l \sin\alpha}{g} \Rightarrow \dfrac{1}{\cos\alpha} = \dfrac{\omega^2 l}{g} \Rightarrow \cos\alpha = \dfrac{g}{\omega^2 l} = 0{,}364$; donc α=68,60°

$T = \dfrac{P}{\cos\alpha} = m\omega^2 l = 0{,}54$ N

$\cos\alpha \leq 1$, $\dfrac{g}{\omega^2 l} \leq 1 \Rightarrow \omega \geq \sqrt{\dfrac{g}{l}}$ la valeur minimale de $\dot{\theta}$ est $\omega_o = \sqrt{\dfrac{g}{l}} = 4{,}43$ rad.s⁻¹.

Solution 12

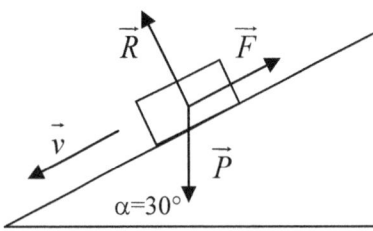

$\sum \vec{F} = m\vec{a_G} \Rightarrow \vec{P} + \vec{R} + \vec{f} = m\vec{a_G} \Rightarrow P\sin\alpha - f = ma_G \Rightarrow a_G = \dfrac{mg\sin\alpha - \dfrac{mg}{10}}{m} = g\left(\sin\alpha - \dfrac{1}{10}\right) = 4$ m.s⁻².

C'est un mouvement rectiligne uniformément varié ;

$x = \dfrac{1}{2}at^2 + v_o t + x_o$; à $t = 0$, $v_o = 0$ et $x_o = 0$ donc $x = \dfrac{1}{2}at^2 = 2t^2$.

Calculons d'abord $E_C = \dfrac{1}{2}mv^2 \Rightarrow v = \sqrt{\dfrac{2E_C}{m}} = 16$ m.s⁻¹. La durée du mouvement

$\Delta v = a\Delta t \Rightarrow \Delta t = \dfrac{\Delta v}{a} = 4s$.

La distance parcourue est $d = \frac{1}{2}at^2 = 32m.$ ou encore $\Delta v^2 = 2ad \Rightarrow d = \frac{\Delta v^2}{2a} = 32m.$ on peut aussi appliquer le Théorème de l'énergie cinétique.

3 - MOUVEMENTS DE PROJECTILES DANS LE CHAMP DE PESANTEUR.

Solution 1.
Saut parabolique ; pendant cette phase, le système n'est soumis qu'à son poids ; le TCI s'écrit donc : $\sum \vec{F} = \vec{P} = m\vec{a} = m\vec{g}$ donc $\vec{a} = \vec{g}$; $\vec{a} \begin{vmatrix} a_x = 0 \\ a_y = -g \end{vmatrix}$ et $\vec{v_o} \begin{vmatrix} v_{ox} = v_o \cos\alpha \\ v_{oy} = v_o \sin\alpha \end{vmatrix}$ $\overrightarrow{OG_o} \begin{vmatrix} x_o = 0 \\ y_o = 0 \end{vmatrix}$

à un instant quelconque,

$\vec{v} \begin{vmatrix} v_x = v_o \cos\alpha \\ v_y = -gt + v_o \sin\alpha \end{vmatrix} \Rightarrow \overrightarrow{OM} \begin{vmatrix} x = (v_o \cos\alpha)t \\ y = -\frac{1}{2}gt^2 + (v_o \sin\alpha)t \end{vmatrix}$; l'équation de la trajectoire s'écrit :

$y = -\frac{1}{2}g\frac{x^2}{v_o^2(\cos\alpha)^2} + x\tan\alpha$. Le point E où le vecteur vitesse est horizontal est en fait la flèche ; la flèche est le point où la dérivée de l'équation de la trajectoire par rapport à x s'annule ; ce qui revient à dire que la composante verticale de la vitesse s'annule :

On a donc : $\frac{dy}{dx} = -\frac{gx}{v_o^2\cos^2\alpha} + \tan\alpha = 0 \Rightarrow x = \frac{v_o^2\cos^2\alpha\tan\alpha}{g} = \frac{v_o^2\sin\alpha\cos\alpha}{g}$; pour trouver l'ordonnée maximale, on remplace la valeur de x obtenue ci-dessus dans l'équation de la trajectoire

$y = -\frac{1}{2}\frac{g}{v_o^2\cos^2\alpha}\frac{v_o^4\sin^2\alpha\cos^2\alpha}{g^2} + \frac{v_o^2\sin\alpha\cos\alpha}{g}\tan\alpha = \frac{v_o^2\sin^2\alpha}{2g}$; les cordonnées du point E

qui est la flèche sont donc $\begin{vmatrix} x_E = \frac{v_o^2\sin\alpha\cos\alpha}{g} \\ y_E = \frac{v_o^2\sin^2\alpha}{2g} \end{vmatrix}$ c'est un système de deux équations à deux

inconnues, dont la résolution nous permettent de déterminer v_o et α. Pour résoudre cette équation on fait le rapport $\frac{x_E}{y_E} = \frac{2\cos\alpha}{\sin\alpha} = \frac{2}{\tan\alpha} \Rightarrow \tan\alpha = \frac{2y_E}{x_E}$; A.N. $\tan\alpha = 4/15$ donc $\alpha = 15°$

On tire la valeur de v_o de y_E $v_o = \sqrt{\frac{2gy_E}{\sin^2\alpha}}$. A.N. $v_o = 24{,}43$ m.s^{-1} = $87{,}95$ km.h^{-1}.

3. en E, $v_E = v_o\cos\alpha = 23{,}57$ m.s^{-1}

4. les forces qui s'exercent sur le système sont : le poids $\vec{P}$, la réaction $\vec{R}$, la force de freinage $\vec{f'}$, la force de frottement $\vec{f}$. Le théorème de l'énergie cinétique s'écrit $\Delta E_c = \Sigma W(F) = W(\vec{P}) + W(\vec{R}) + W(\vec{f}) + W(\vec{f'})$. Sur la terrasse EF, $W(\vec{P}) = W(\vec{R}) = 0$ $W(\vec{f}) = -f.EF$ et $W(\vec{f'}) = -f'EF$; la voiture s'arrête en F ; donc $v_F = 0$; le théorème de l'énergie cinétique se réduit donc à $-\frac{1}{2}mv_E^2 = -(f + f').EF$; il vient

$f' = \frac{mv_E^2}{2EF} + f = 2277{,}4$ N

Solution 2 :
l'application du théorème d'énergie cinétique entre le point de départ et le point O s'écrit : $\Delta E_c = \Sigma W(F) = W(\vec{P}) + W(\vec{T})$; $W(\vec{T}) = 0$ et $W(\vec{P}) = mgl(1-\cos\theta)$ donc $\frac{1}{2}mv_o^2 = mgl(1-\cos\theta)$; on

en tire $v_o = \sqrt{2gl(1-\cos\theta)}$. A.N. v_o = 6,84 m/s. le vecteur vitesse est tangent à la trajectoire ; au point O, il est horizontal et orienté de la gauche vers la droite.

Calcul de T ; on applique le TCI. système : alpiniste ; référentiel terrestre supposé galiléen ; bilan des forces ; $\vec{P}, \vec{T}$; TCI : $\vec{P} + \vec{T} = m\vec{a}$. La projection de cette relation sur un axe vertical dirigé vers le bas donne : $mg - T = -ma_N = -m\dfrac{v^2}{l} \Rightarrow T = m\left(g + \dfrac{v^2}{l}\right)$ = 1174,33 N.

Application du TCI à l'alpiniste ; il est soumis à la seule action de son poids

donc : $\sum \vec{F} = \vec{P} = m\vec{a} = m\vec{g}$ c'est-à-dire $\vec{a} = \vec{g}$; $\vec{a}\begin{vmatrix} a_x = 0 \\ a_y = g \end{vmatrix}$ et $\vec{v_o}\begin{vmatrix} v_{ox} = v_o \\ v_{oy} = 0 \end{vmatrix}$ $\overrightarrow{OG_o}\begin{vmatrix} x_o = 0 \\ y_o = 0 \end{vmatrix}$

à un instant quelconque,

$\vec{v}\begin{vmatrix} v_x = v_o \\ v_y = gt \end{vmatrix} \Rightarrow \overrightarrow{OG}\begin{vmatrix} x = v_o t \\ y = \dfrac{1}{2}gt^2 \end{vmatrix}$; l'équation de la trajectoire s'écrit : $y = \dfrac{1}{2}g\dfrac{x^2}{v_o^2}$;

Dans l'équation de la trajectoire, on remplace y par h et x par d ; cela donne $h = \dfrac{1}{2}g\dfrac{d^2}{v_o^2} \Rightarrow d = v_o\sqrt{\dfrac{2h}{g}}$ = 48,37 m.

Solution 3.

Application du TCI au skieur ; il est soumis à la seule action de son poids

donc : $\sum \vec{F} = \vec{P} = m\vec{a} = m\vec{g}$ c'est-à-dire $\vec{a} = \vec{g}$; $\vec{a}\begin{vmatrix} a_x = 0 \\ a_y = g \end{vmatrix}$ et $\vec{v_o}\begin{vmatrix} v_{ox} = v_o \cos\alpha \\ v_{oy} = -v_o \sin\alpha \end{vmatrix}$ $\overrightarrow{OG_o}\begin{vmatrix} x_o = 0 \\ y_o = 0 \end{vmatrix}$

à un instant quelconque,

$\vec{v}\begin{vmatrix} v_x = v_o \cos\alpha \\ v_y = gt - v_o \sin\alpha \end{vmatrix} \Rightarrow \overrightarrow{OG}\begin{vmatrix} x = (v_o \cos\alpha)t \\ y = \dfrac{1}{2}gt^2 - (v_o \sin\alpha)t \end{vmatrix}$; l'équation de la trajectoire s'écrit :

$y = \dfrac{1}{2}g\dfrac{x^2}{v_o^2(\cos\alpha)^2} - x\tan\alpha$; OC étant la première bissectrice, son équation s'écrit : y = x. le point de contact avec le sol est l'intersection de la trajectoire avec la droite d'équation y = x ; soit $\dfrac{1}{2}g\dfrac{x^2}{v_o^2(\cos\alpha)^2} - x\tan\alpha = x \Leftrightarrow \dfrac{gx^2}{2v_o^2(\cos\alpha)^2} - x(\tan\alpha + 1) = 0$ on en tire $x = \dfrac{2v_o^2 \cos^2\alpha}{g}(1 + \tan\alpha)$; l'autre solution x = 0 correspond à l'origine du repère.

A.N. x = 31,08 m ; l'ordonnée du point de contact avec le sol est y = x = 31,08 m. La distance OC = $\sqrt{x^2 + y^2}$ = 43,95 m ; la durée du saut est déduite de l'abscisse : $t = \dfrac{x}{v_o \cos\alpha} = 3,38$ s.

Solution 4.

Trajectoire de la balle ; après la frappe, la balle n'est soumise qu'à son poids ; le TCI s'écrit donc :

$\sum \vec{F} = \vec{P} = m\vec{a} = m\vec{g}$ donc $\vec{a} = \vec{g}$; $\vec{a}\begin{vmatrix} a_x = 0 \\ a_y = -g \end{vmatrix}$ et $\vec{v_o}\begin{vmatrix} v_{ox} = v_o \cos\alpha \\ v_{oy} = v_o \sin\alpha \end{vmatrix}$ $\overrightarrow{OG_o}\begin{vmatrix} x_o = 0 \\ y_o = h \end{vmatrix}$

à un instant quelconque,

$$\vec{v}\begin{vmatrix} v_x = v_o \cos\alpha \\ v_y = -gt + v_o \sin\alpha \end{vmatrix} \Rightarrow \overrightarrow{OG}\begin{vmatrix} x = (v_o \cos\alpha)t \\ y = -\frac{1}{2}gt^2 + (v_o \sin\alpha)t + h \end{vmatrix}$$; l'équation de la trajectoire s'écrit :

$y = -\frac{1}{2}g\frac{x^2}{v_o^2(\cos\alpha)^2} + x\tan\alpha + h$. A.N. $y = -0,5.9,8.\frac{x^2}{(12)^2 \cos^2 60} + \tan 60°.x + 0,5 \Rightarrow$

$y = -0,136x^2 + 1,73x + 0,5$; pour $x = 9 + 2 = 11$ m, on a $y = 3,074$ m $> 2,50$ hauteur maximale atteinte par la raquette ; la distance qui sépare la balle de l'extrémité supérieure de la raquette est la différence $\Delta y = 3,074 - 2,50 = 0,57$ m.

la balle touche le sol pour $y = 0$m ; on obtient l'équation suivante $-0,136x^2 + 1,73x + 0,5 = 0$ dont les deux solutions sont $x_1 = -0,28$ et $x_2 = 13$ m.

l'abscisse de la ligne de fond est $x_F = 12 + 9 = 21$ m $> x_2$; donc le lob est réussi.

Solution 5.

Trajectoire du ballon; après le lancer, le ballon n'est soumis qu'à son poids ; le TCI s'écrit donc :

$$\sum \vec{F} = \vec{P} = m\vec{a} = m\vec{g} \text{ donc } \vec{a} = \vec{g} \; ; \vec{a}\begin{vmatrix} a_x = 0 \\ a_y = -g \end{vmatrix} \text{ et } \vec{v_o}\begin{vmatrix} v_{ox} = v_o \cos\alpha \\ v_{oy} = v_o \sin\alpha \end{vmatrix} \overrightarrow{OG_o}\begin{vmatrix} x_o = 0 \\ y_o = h_A \end{vmatrix}$$

à un instant quelconque,

$$\vec{v}\begin{vmatrix} v_x = v_o \cos\alpha \\ v_y = -gt + v_o \sin\alpha \end{vmatrix} \Rightarrow \overrightarrow{OG}\begin{vmatrix} x = (v_o \cos\alpha)t \\ y = -\frac{1}{2}gt^2 + (v_o \sin\alpha)t + h_A \end{vmatrix}$$; l'équation de la trajectoire s'écrit :

$y = -\frac{1}{2}g\frac{x^2}{v_o^2(\cos\alpha)^2} + x\tan\alpha + h_A$. A.N. pour $y = 3,05$ et $x = 6,25$ m, on trouve $v_o = 8,43$ m.s^{-1}.

3. le défenseur touche le ballon si le centre d'inertie du ballon se trouve à la hauteur $y = 3,10 + 0,125 = 3,225$m ; il faut ajouter le rayon du ballon à la hauteur maximale atteinte par les doigts du joueur ; en remplaçant y par la valeur trouvée ci-dessus dans l'équation de la trajectoire : $y = -0,1175x^2 + 0,839x + 2,40$, on obtient l'équation $-0,1175x^2 + 0,839x - 0,825 = 0$ dont les solutions sont : $x_1 = 1,18$ m et $x_2 = 5,95$ m. La dernière solution $x_2 = 5,95$ m est la valeur maximale recherchée.

Solution 6.

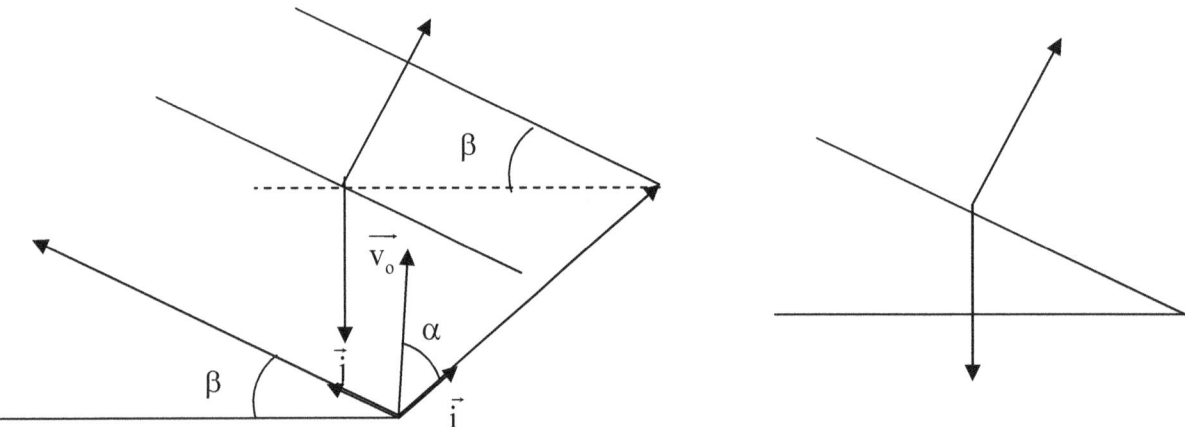

Le mobile est soumis a deux forces ; son poids $\vec{P}$ et la réaction du plan $\vec{R}$

Le Théorème du centre d'inertie s'écrit ; $\vec{P}+\vec{R}=m\vec{a}$; on en déduit $\vec{a}=\dfrac{\vec{P}}{m}+\dfrac{\vec{R}}{m}$ la projection de cette relation sur les axes indiqués donne $\vec{a}=\dfrac{\vec{P}}{m}+\dfrac{\vec{R}}{m}$.

on a donc $\sum \vec{F}=\vec{P}+\vec{R}=m\vec{a} \Rightarrow \vec{a}\begin{vmatrix} a_x = 0 \\ a_y = -g\sin\beta \end{vmatrix}$ et $\vec{v_o}\begin{vmatrix} v_{ox} = v_o\cos\alpha \\ v_{oy} = v_o\sin\alpha \end{vmatrix}$ $\overrightarrow{OG_o}\begin{vmatrix} x_o = 0 \\ y_o = 0 \end{vmatrix}$

$\vec{v}\begin{vmatrix} v_x = v_o\cos\alpha \\ v_y = -g\sin\beta\, t + v_o\sin\alpha \end{vmatrix}$ on en déduit $\overrightarrow{OG}\begin{vmatrix} x = (v_o\cos\alpha)t \quad (1) \\ y = -\dfrac{g\sin\beta\, t^2}{2} + (v_o\sin\alpha)t \quad (2)\end{vmatrix}$ de (1), on tire $t = \dfrac{x}{v_o\cos\alpha}$

par remplacement dans (2), on obtient $y = -\dfrac{1}{2}g\sin\beta\, \dfrac{x^2}{v_o^2\cos^2\alpha} + v_o\sin\alpha\, \dfrac{x}{v_o\cos\alpha}$

La trajectoire est une parabole dans le plan xOy
Date d'arrivée au sommet de la trajectoire : à ce point, $v_y = 0$

$\vec{v}\begin{vmatrix} v_x = v_o\cos\alpha \\ v_y = -g\sin\beta\, t + v_o\sin\alpha \end{vmatrix}$; $v_y = 0 \Rightarrow -g\sin\beta\, t + v_o\sin\alpha = 0$; on en tire $t = \dfrac{v_o\sin\alpha}{g\sin\beta} = 0{,}38$ s.

X=0,59 m et y=0,25 m.

Solution 7.
Durée première phase : $\Delta v = a_1 \Delta t_1$ donc, $t_1 = v/a_1 = 8$ s.
Distance parcourue : $d_1 = 1/2\, a_1 t^2 = 8$ m ; il reste à parcourir $d = 500 - 8 = 492$ m à vitesse constante $v = 2$ m.s^{-1}.
La durée de la deuxième phase est t_2 tel que $d = vt_2$, soit $t_2 = d/v = 246$ s.
Application du TCI ; système : skieur ; référentiel terrestre supposé galiléen ; Bilan des forces : Poids du skieur $\vec{P}$; Tension du câble $\vec{T}$; Force de frottement $\vec{f}$; réaction de la piste $\vec{R}$. **NB**. On peut aussi considérer la force de frottement comme une composante de la réaction, et ne compter que trois forces : le poids la tension et la réaction qui n'est plus perpendiculaire à la piste.

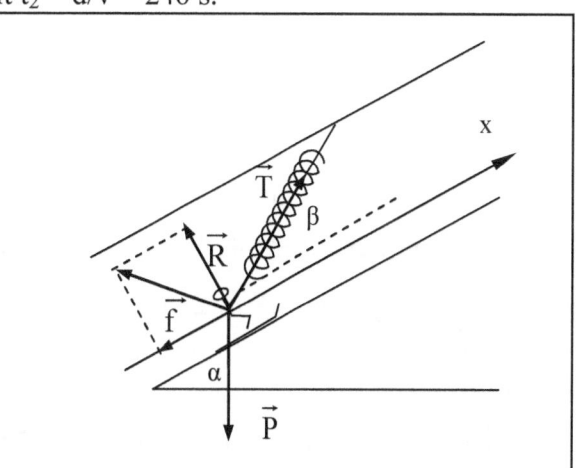

Le TCI s'écrit : $\sum \vec{F_{ext}} = m\vec{a}$ c'est-à-dire $\vec{P}+\vec{T}+\vec{R}+\vec{f} = m\vec{a}$: la projection de cette relation s'écrit : $-P\sin\alpha - f + T\cos\beta = ma \Rightarrow$
$T\cos\beta = ma + P\sin\alpha + f$
$T = \dfrac{ma + P\sin\alpha + f}{\cos\beta} = 504{,}60$ N.

Pendant la phase uniforme, on a $\vec{P}+\vec{T}+\vec{R}+\vec{f} = \vec{0}$ la projection donne $-P\sin\alpha - f + T\cos\beta = 0$; ce qui donne $T = \dfrac{P\sin\alpha + f}{\cos\beta} = 481{,}51$ N.

3. sur la piste horizontale ; application du TCI. système : skieur ; référentiel terrestre supposé galiléen ; Bilan des forces : Poids du skieur $\vec{P}$; Force de frottement $\vec{f\,'}$; réaction de la piste $\vec{R}$.

$\vec{P} + \vec{R} + \vec{f'} = m\vec{a_2}$; par projection sur un axe horizontal, orienté de la gauche vers la droite, on obtient : $-f' = ma_2$; l'accélération pour cette phase est donc $a_2 = -f'/m = -0,5$ m.s^{-2}.

Le temps t_3 au bout duquel il s'arrête : $v_f = a_2 t_3 + v_i$; comme il s'arrête, $v_f = 0$; on a donc $a_2 t_3 + v_i = 0$, soit $t_3 = -v_i/a_2 = 4$ s.

Distance parcourue avant arrêt : $v_f^2 - v_i^2 = 2a_2 d_2 \Rightarrow d_2 = \dfrac{v_f^2 - v_i^2}{2a_2} = 4$ m.

N.B. cette distance peut aussi se calculer en appliquant $d_2 = \dfrac{1}{2} a_2 t_3^2 + v_i t_3 = 4$ m

4. Descente avec force de frottement nulle ; Bilan des forces : Poids du skieur $\vec{P}$; réaction de la piste $\vec{R}$. $\vec{P} + \vec{R} = m\vec{a_3}$; par projection, on obtient $mg\sin\theta = ma_3$ donc $a_3 = g\sin\theta = 6,93$ m.s^{-2}.

Vitesse v_b du skieur en bas de pente : la vitesse au début de la pente est nulle ; on a donc : $v_b^2 - 0 = 2a_3 d_3 \Rightarrow v_b = \sqrt{2a_3 d_3} = 16,65$ m.s^{-1}.

5. virage ; le TCI s'écrit : $\vec{P} + \vec{R} = m\vec{a_4}$ et $\tan\theta' = \dfrac{ma}{mg} = \dfrac{v^2}{rg} = 1$ donc l'angle ont il faut relever le virage est $\theta' = 45°$.

6. saut parabolique ; pendant cette phase, le skieur n'est soumis qu'à son poids ; le TCI s'écrit donc : $\sum \vec{F} = \vec{P} = m\vec{a} = m\vec{g}$ donc $\vec{a} = \vec{g}$; $\vec{a}\begin{vmatrix} a_x = 0 \\ a_y = -g \end{vmatrix}$ et $\vec{v_o}\begin{vmatrix} v_{ox} = v_o \cos\alpha \\ v_{oy} = v_o \sin\alpha \end{vmatrix} \overrightarrow{OG_o}\begin{vmatrix} x_o = 0 \\ y_o = 0 \end{vmatrix}$

à un instant quelconque,

$\vec{v}\begin{vmatrix} v_x = v_o \cos\alpha \\ v_y = -gt + v_o \sin\alpha \end{vmatrix} \Rightarrow \overrightarrow{OM}\begin{vmatrix} x = (v_o \cos\alpha)t \\ y = -\dfrac{1}{2}gt^2 + (v_o \sin\alpha)t \end{vmatrix}$; l'équation de la trajectoire s'écrit :

$y = -\dfrac{1}{2}g\dfrac{x^2}{v_o^2 (\cos\alpha)^2} + x\tan\alpha$; BC étant la deuxième bissectrice, son équation s'écrit : $y = -x$. le

point D de contact est l'intersection de la trajectoire avec BC ; soit $-\dfrac{1}{2}g\dfrac{x^2}{v_o^2(\cos\alpha)^2} + x\tan\alpha = -x$

Cette équation a deux solutions : $x = 0$, et $x = 47,88$ m. on retient la deuxième solution, la première étant l'origine des axes : $x_D = 47,88$ m ; et $y_D = -x_D = -47,88$ m. $BD = \sqrt{x_D^2 + y_D^2} = 67,71$ m. pour la vitesse $v_D^2 - v_B^2 = 2gh \Rightarrow v_D = \sqrt{2gh + v_B^2} = 33,68$ m.s^{-1}.

Solution 8.

$\Delta E_c = \sum W(\vec{F}) \Leftrightarrow E_{CM} - E_{CA} = W(\vec{P}) + W(\vec{R}) \Leftrightarrow \dfrac{1}{2}Mv_M^2 - \dfrac{1}{2}Mv_A^2 = Mgh$

$h = r(1 - \cos\theta); \dfrac{1}{2}Mv_M^2 - \dfrac{1}{2}Mv_A^2 = Mgr(1 - \cos\theta) \Rightarrow v_M = \sqrt{2gr(1 - \cos\theta) + v_A^2}$

Pour trouver l'expression de la réaction $\vec{R}$ on applique le TCI. Système : solide S, référentiel du laboratoire supposé galiléen ; bilan des forces : le poids $\vec{P}$, la réaction de la piste $\vec{R}$. Le TCI s'écrit : $\sum \vec{F_{ext}} = m\vec{a}$ soit $\vec{P} + \vec{R} = m\vec{a}$; par projection de cette relation sur un axe porté par un rayon et orienté vers le centre de la trajectoire, on obtient $P\cos\theta - R = ma_N$; le mouvement étant circulaire, l'accélération a deux composantes, et lors de la projection sur l'axe choisi, l'accélération tangentielle a_T est nulle ; il ne reste que l'accélération normale $a_N = v^2/r$.

$Mg\cos\theta - R = M\dfrac{v_M^2}{r} \Rightarrow R = Mg\cos\theta - M\dfrac{v_M^2}{r}$; lorsqu'on remplace v_M par l'expression trouvée ci-dessus, on obtient : $R = M\left[g\cos\theta - \dfrac{2gr(1-\cos\theta)+v_A^2}{r}\right] = M\left[3g\cos\theta - 2g - \dfrac{v_A^2}{r}\right]$. Le skieur quitte la piste quand $R = 0$; $3g\cos\theta - 2g - \dfrac{v_A^2}{r} = 0 \Rightarrow \cos\theta_o = \dfrac{2}{3} + \dfrac{v_A^2}{3gr}$; AN : $\cos\theta_o = 0,8333$ donc $\theta_o = 33,56°$

Application du TCI au skieur ; il est soumis à la seule action de son poids donc : $\sum\vec{F} = \vec{P} = m\vec{a} = m\vec{g}$ c'est-à-dire $\vec{a} = \vec{g}$;

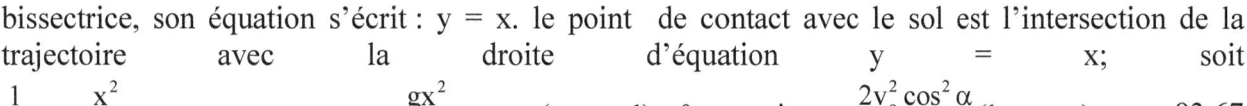

$\vec{a}\begin{vmatrix} a_x = 0 \\ a_y = g \end{vmatrix}$ et $\vec{v_o}\begin{vmatrix} v_{ox} = v_o\cos\theta \\ v_{oy} = v_o\sin\theta \end{vmatrix} \overrightarrow{OG_o}\begin{vmatrix} x_o = 0 \\ y_o = 0 \end{vmatrix}$

à un instant quelconque,

$\vec{v}\begin{vmatrix} v_x = v_o\cos\alpha \\ v_y = gt + v_o\sin\alpha \end{vmatrix} \Rightarrow \overrightarrow{OG}\begin{vmatrix} x = (v_o\cos\alpha)t \\ y = \dfrac{1}{2}gt^2 + (v_o\sin\alpha)t \end{vmatrix}$;

l'équation de la trajectoire s'écrit : $y = \dfrac{1}{2}g\dfrac{x^2}{v_o^2(\cos\alpha)^2} + x\tan\alpha$; OC étant la première bissectrice, son équation s'écrit : $y = x$. le point de contact avec le sol est l'intersection de la trajectoire avec la droite d'équation $y = x$; soit $\dfrac{1}{2}g\dfrac{x^2}{v_o^2(\cos\alpha)^2} + x\tan\alpha = x \Leftrightarrow \dfrac{gx^2}{2v_o^2(\cos\alpha)^2} + x(\tan\alpha - 1) = 0$ on en tire $x = \dfrac{2v_o^2\cos^2\alpha}{g}(1-\tan\alpha)$; $x = 93,67$ m. l'autre solution $x = 0$ correspond à l'origine du repère. $y = x = 93,67$ m $OC = \sqrt{x^2 + y^2} = 132,47$ m.

Solution 9.

Un projectile de masse m, de centre d'inertie G est lancé à partir d'un point O ave une vitesse $\vec{v_o}$ qui fait un angle α appelé angle de tir.
Repère d'étude : $(O, \vec{i}, \vec{j}, \vec{k})$ lié au référentiel terrestre supposé galiléen. $\vec{v_o}$ est dans le plan xOz.
Les coordonnées de G à chaque instant sont (x, y, z).
Le projectile est soumis à la seule action de son poids ; le théorème du centre d'inertie s'écrit $\sum\vec{F} = \vec{P} = m\vec{g} = m\vec{a} \Rightarrow \vec{a} = \vec{g}$ (1)

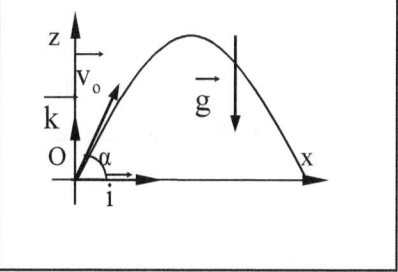

A $t = 0$, on a $\overrightarrow{OG_o}\begin{vmatrix} x_o = 0 \\ z_o = 0 \end{vmatrix}$ et $\vec{v_o}\begin{vmatrix} v_{ox} = v_o\cos\alpha \\ v_{oz} = v_o\sin\alpha \end{vmatrix}$

La projection de (1) sur les différents axes donne :

$\vec{a}\begin{vmatrix} a_x = 0 \\ a_z = -g \end{vmatrix} \Rightarrow \vec{v}\begin{vmatrix} v_x = \dot{x} = v_o\cos\alpha \\ v_z = \dot{z} = -gt + v_o\sin\alpha \end{vmatrix}$ et $\overrightarrow{OG}\begin{vmatrix} x = v_o\cos\alpha\, t \\ z = -\dfrac{1}{2}gt^2 + v_o\sin\alpha\, t \end{vmatrix}$

Pour écrire l'équation de la trajectoire, on élimine t : $t = \dfrac{x}{v_o\cos\alpha}$ ce qui n'est possible que si $\cos\alpha \neq 0$, c'est-à-dire $\alpha \neq \pm\pi/2$; on obtient en remplaçant, $z = -\dfrac{1}{2}\dfrac{g}{v_o^2\cos^2\alpha}x^2 + x\tan\alpha$; c'est l'équation d'une parabole contenue dans le plan xOz.

Pour la portée, on fait z=0, c'est-à-dire $3,8.10^{-4}x^2+1,43x =0$; on obtient $x_P = 3760$ m environ ; on peut aussi faire $-\dfrac{1}{2}\dfrac{g}{v_o^2\cos^2\alpha}x^2 + x\tan\alpha = 0$; cette équation a deux solutions :

- x=0 ; c'est l'origine, avant le tir du projectile ;

$$x = \dfrac{2v_o^2\sin\alpha\cos\alpha}{g} = \dfrac{v_o^2\sin 2\alpha}{g}$$

$$z = -\dfrac{1}{2}\dfrac{g}{v_o^2\cos^2\alpha}x^2 + x\tan\alpha ; \dfrac{1}{\cos^2\alpha} = 1+\tan^2\alpha$$

$$z = -\dfrac{1}{2}\dfrac{g}{v_o^2}(1+\tan^2\alpha)x^2 + x\tan\alpha \Rightarrow -\dfrac{1}{2}\dfrac{g}{v_o^2}x^2\tan^2\alpha + x\tan\alpha - \dfrac{1}{2}\dfrac{g}{v_o^2}x^2 - z = 0 .$$

$z = 0$ et $x = x_P \Rightarrow -1770,162\tan^2\alpha + 3763,15\tan\alpha - 1770,162 = 0$ les deux solutions de cette équation sont $\tan\alpha_1=1,423$, soit $\alpha_1=55°$ et $\tan\alpha_2=0,7026$, soit $\alpha_2=35°$

La portée est maximale pour $\sin 2\alpha =1$, soit $\alpha = 45°$; la portée maximale est obtenue pour **α = 45°**
Hauteur maximale atteinte, encore appelée **flèche**.
C'est le point où la composante verticale s'annule avant de changer de sens ; $v_z = -gt_F + v_o\sin\alpha = 0$, ce qui donne $t_F = (v_o\sin\alpha)/g$; lorsqu'on remplace dans z, on obtient $z_F = \dfrac{v_o^2\sin^2\alpha}{2g}=1342$ m

La flèche est maximale lorsque $\sin\alpha=1$, soit $\alpha=90°$; le projectile retombe sur le celui qui effectue le tir.

On déduit la durée du tir de $x_P=0$ c'est-à-dire $x_P = v_o\cos\alpha\, t \Rightarrow t = \dfrac{x_P}{v_o\cos\alpha}=32,80$ s.

$\vec{v} \begin{vmatrix} v_x = \dot{x} = v_o\cos\alpha = 114,72 m/s \\ v_z = \dot{z} = -gt + v_o\sin\alpha = -164,17 m/s \end{vmatrix}$ $v = \sqrt{v_x^2 + v_y^2} = 200,28$ m/s

Solution 10.

Le théorème de l'énergie cinétique entre les points A et D s'écrit :
$\Delta E_C = E_{CD} - E_{CA} = \sum W(\vec{F}) = W(\vec{F}) + W(\vec{P}) + W(\vec{R})$

$\dfrac{1}{2}mv_D^2 - \dfrac{1}{2}mv_A^2 = F.AB + 0 - mgR(1-\cos\alpha); v_A = v_D = 0 \Rightarrow F = \dfrac{mgR}{AB}(1-\cos\alpha) = 2,5$ N.

l'intensité minimale est celle qui est nécessaire pour que le solide atteigne le point d avec une vitesse nulle.
l'application du théorème de l'énergie cinétique entre A et D s'écrit:

$$\frac{1}{2}mv_D^2 - \frac{1}{2}mv_A^2 = F.AB + 0 - mgR(1-\cos\alpha); \text{ comme } v_A = 0 \text{ et } F = 150 \text{ N, on en déduit}$$

$$V_D = \sqrt{\frac{2FAB}{m} - 2gR(1-\cos\alpha)} = 24,28 \text{ m.s}^{-1}$$

on a donc $\sum \vec{F} = \vec{P} = m\vec{a} = m\vec{g}$ $\vec{a}\begin{vmatrix} a_x = 0 \\ a_y = -g \end{vmatrix}$ et $\vec{v_o}\begin{vmatrix} v_{ox} = v_o \cos\alpha \\ v_{oy} = v_o \sin\alpha \end{vmatrix}$ $\overrightarrow{OG_o}\begin{vmatrix} x_o = 0 \\ y_o = 0 \end{vmatrix}$

$\vec{v}\begin{vmatrix} v_x = v_o \cos\alpha \\ v_y = -gt + v_o \sin\alpha \end{vmatrix}$ on en déduit $\overrightarrow{OG}\begin{vmatrix} x = (v_o \cos\alpha)t \quad (1) \\ y = -\frac{gt^2}{2} + (v_o \sin\alpha)t \quad (2) \end{vmatrix}$ de (1), on tire $t = \frac{x}{v_o \cos\alpha}$

par remplacement dans (2), on obtient $y = -\frac{1}{2}g\frac{x^2}{v_o^2 \cos^2\alpha} + v_o \sin\alpha \frac{x}{v_o \cos\alpha}$

soit $y = -\frac{1}{2}\frac{gx^2}{v_o^2 \cos^2\alpha} + \frac{\sin\alpha}{\cos\alpha}x = -2g\frac{x^2}{v_o^2} + x\sqrt{3}$

$\frac{dy}{dx} = -\frac{4gx}{v_O^2} + \sqrt{3} = 0 \Rightarrow x_m = \frac{v_o^2 \sqrt{3}}{4g} = 25,55 \text{ m}$

on en tire $y_m = 22,12 \text{ m}; H_m = y_m + R(1-\cos\alpha) = 22,62 \text{ m}$.

Au point D, le TCI s'écrit: $\vec{P} + \vec{R} = m\vec{a}$

par projection on obtient; $-P\cos\alpha + R = \frac{mv^2}{r}$; on en tire $R = m\left(g\cos\alpha + \frac{v^2}{r}\right) = 297,5 \text{ N}$

Solution 11

$\vec{T} + \vec{P} = m\vec{a}$; la projection de cette relation suivant Oy aux points A et B donne :

Au point A, on a $P + T_A = m\left(\frac{v^2}{R} - g\right)$

avec $v = 2\pi RN$; cela donne $T_A = m(4\pi^2 RN^2 - g)$

A.N. $T_A = 7,77 \text{ N}$

Au point B, la projection donne

$T_B = m(4\pi^2 RN^2 + g)$. A.N. $T_B = 9,77 \text{ N}$.

Après le lâcher du projectile, celui-ci n'est soumis qu'à son poids.

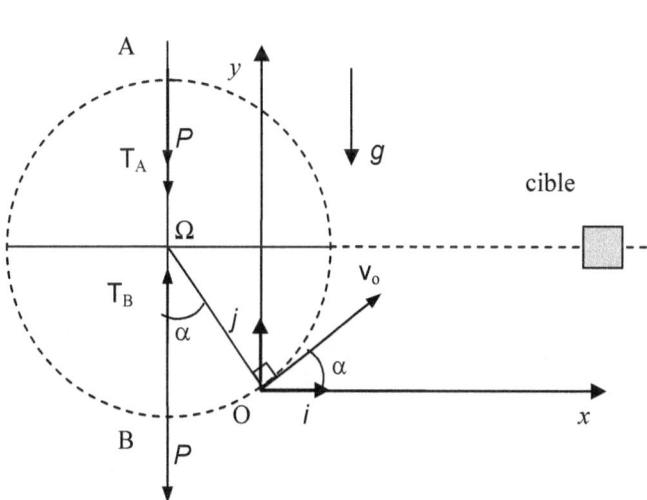

on a donc $\sum \vec{F} = \vec{P} = m\vec{a} = m\vec{g}$ $\vec{a} \begin{vmatrix} a_x = 0 \\ a_y = -g \end{vmatrix}$ et $\vec{v_o} \begin{vmatrix} v_{ox} = v_o \cos\alpha \\ v_{oy} = v_o \sin\alpha \end{vmatrix}$ $\overrightarrow{OG_o} \begin{vmatrix} x_o = 0 \\ y_o = 0 \end{vmatrix}$

$\vec{v} \begin{vmatrix} v_x = v_o \cos\alpha \\ v_y = -gt + v_o \sin\alpha \end{vmatrix}$ on en déduit $\overrightarrow{OG} \begin{vmatrix} x = (v_o \cos\alpha)t \quad (1) \\ y = -\dfrac{gt^2}{2} + (v_o \sin\alpha)t \quad (2) \end{vmatrix}$ de (1), on tire $t = \dfrac{x}{v_o \cos\alpha}$

par remplacement dans (2), on obtient $y = -\dfrac{1}{2}g\dfrac{x^2}{v_o^2 \cos^2\alpha} + v_o \sin\alpha \dfrac{x}{v_o \cos\alpha}$

soit $y = -\dfrac{1}{2}\dfrac{gx^2}{v_o^2 \cos^2\alpha} + \dfrac{\sin\alpha}{\cos\alpha}x$

or $\alpha = 45°$; donc $\sin\alpha = \cos\alpha$; après simplification, on obtient

$y = -\dfrac{1}{2}\dfrac{g}{v_o^2 \cos^2\alpha}x^2 + x$ A.N. $y = -0,14x^2 + x$

la cible ayant pour ordonnée $y = R\cos\alpha$, on remplace dans l'équation de la trajectoire; cela donne
$0,8 \times \cos 45° = -0,14x^2 + x$ soit $-0,14x^2 + x - 0,57 = 0$

les deux solutions sont $x_1 = 0,626$ m; et $x_2 = 6,51$ m on retient la deuxième solution

la distance à partir de Ω est $d = x_2 + R\sin\alpha = 6,51 + 0,57 = 7,08$ m.

4 - MOUVEMENTS DE PARTICULES CHARGEES DANS LES CHAMPS ELECTRIQUE ET MAGNETIQUE.

Solution 1.

Le théorème de l'énergie cinétique s'écrit : $\Delta E_c = qU \Leftrightarrow$ la vitesse en E est nulle, et la charge de chaque ion est de 2e ;

on peut donc écrire : $\frac{1}{2}mv_s^2 = 2eU \Rightarrow v_s = \sqrt{\frac{4eU}{m}}$;

$v_1 = \sqrt{\frac{4eU}{m_1}}$; $v_2 = \sqrt{\frac{4eU}{m_2}}$.

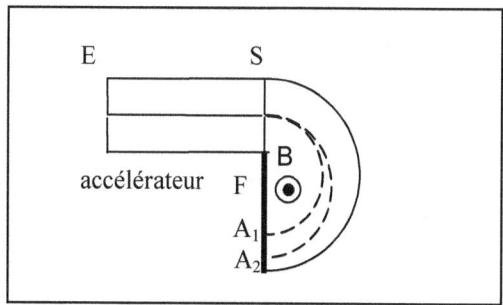

L'application du TCI permet d'écrire : $F = qvB = \frac{mv^2}{R}$; on

en déduit $R = \frac{mv}{qB} = \frac{mv}{2eB}$ on remplace la vitesse par les expressions trouvées ci-dessus et on

obtient : $R_1 = \frac{m_1}{2eB}\sqrt{\frac{4eU}{m_1}} = \frac{1}{B}\sqrt{\frac{m_1 U}{e}}$ et $R_2 = \frac{1}{B}\sqrt{\frac{m_2 U}{e}}$.

Application numérique $R_1 = 3,54.10^{-2}$ m ; $R_2 = 4,1.10^{-2}$ m.
$A_1A_2 = 2R_2 - 2R_1 = 2(R_2 - R_1) = 1,11.10^{-2}$ m.

Solution 2.

Le faisceau de particules traverse le dispositif en ligne droite si $\vec{F_e} + \vec{F_m} = q\vec{E} + q(\vec{v} \wedge \vec{B}) = \vec{0}$ c'est-à-dire si $qE = qvB$ soit $v = \frac{E}{B}$. A.N. $v = 10^5$ m.s^{-1}.

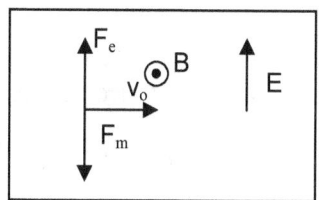

$\Delta E_c = qU \Leftrightarrow \frac{1}{2}mv_o^2 = 2eU_o \Rightarrow v_o = \sqrt{\frac{4eU_o}{m}}$; d'autre part, entre les

plaques, $E = \frac{U_o}{d}$ donc $qE = q\frac{U_o}{d}$. $F_e = F_m \Rightarrow q\frac{U}{d} = 2eU_o = vB$ avec $v = \sqrt{\frac{4eU_o}{m}} \Rightarrow \frac{U}{d} = B\sqrt{\frac{4eU_o}{m}}$

donc m dépend de la tension entre les plaques ; en choisissant convenablement la tension on peut sélectionner les ions.

2.b. $\frac{U_1}{d} = B\sqrt{\frac{4eU_o}{m_1}}$ et $\frac{U_2}{d} = B\sqrt{\frac{4eU_o}{m_2}}$ le rapport des deux tensions s'écrit : $\frac{U_1}{U_2} = \sqrt{\frac{m_2}{m_1}} \Rightarrow$

$U_2 = U_1\sqrt{\frac{m_1}{m_2}}$ A.N. $U_2 = 115,21$ V.

Solution 3.

1. a. elle donne aux particules une trajectoire circulaire.

b. $E_c = \frac{1}{2}mv_o^2$

c. $F = qv_oB = m\frac{v_o^2}{R_1} \Rightarrow R_1 = \frac{mv_o}{qB}$

2. $\Delta E_c = E_{c2} - E_{c1} = qU \Rightarrow E_{c2} = E_{c1} + qU = \frac{1}{2}mv_o^2 + qU$. Dans la zone (E), la particule est accélérée.

3.a. $R_2 = \dfrac{mv}{qB} = \dfrac{m}{qB}\sqrt{v_o^2 + \dfrac{2qU}{m}} > \dfrac{mv_o}{qB} = R_1$.

Durée d'un demi-tour : $v = \dfrac{\pi R}{T} = \dfrac{\pi mv}{TqB} \Rightarrow T = \dfrac{\pi mv}{vqB} = \dfrac{\pi m}{qB}$. $T_1 = T_2$. La durée du demi-tour LL' est égale à la durée KK'.

La fréquence $f = \dfrac{1}{T} = \dfrac{qB}{\pi m}$.

$E_C = \dfrac{1}{2}mv^2$ avec $v = \dfrac{qBR}{m} \Rightarrow E_C = \dfrac{q^2 B^2 R^2}{2m}$.

Solution 4.

La force de Lorentz s'écrit : $\boxed{\vec{F} = q.\vec{v} \wedge \vec{B}}$. L'intensité s'écrit : $F = |qvB\sin\alpha|$ A.N. $F = 8{,}24.10^{-7}$ N.

Le poids du proton est $P = mg = 1{,}63.10^{-26}$ N.

Le rapport F/P est de l'ordre de 10^9 F <<< P

Solution 5. DEFLEXION DE PROTONS.

Les protons sont repoussés par C et attirés par D ; donc le potentiel de D est inférieur à celui de C : $V_D - V_C < 0$

$\Delta E_C = \sum W(\vec{F}) \Leftrightarrow E_{CM} - E_{CA} = W(\vec{P}) + W(\vec{R}) \Leftrightarrow \dfrac{1}{2}mv_D^2 - \dfrac{1}{2}mv_C^2 = eU$ $V_C = 0; \dfrac{1}{2}mv_D^2 = eU \Rightarrow v_D = \sqrt{\dfrac{2eU}{m}}$

AN $v_o = 437740{,}524131666$ m/s

$V_A - V_B > 0$; le potentiel de A est supérieur à celui de B ; les électrons doivent être repoussés pour ressortir au point O'.

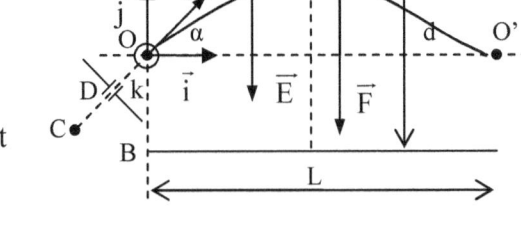

$\sum \vec{F} = \vec{F} = m\vec{a} = e\vec{E} \Rightarrow \vec{a} = \dfrac{e\vec{E}}{m}$

$\vec{a}\begin{vmatrix} a_x = 0 \\ a_y = -e\dfrac{E}{m} \end{vmatrix}$ et $\vec{v_o}\begin{vmatrix} v_{ox} = v_o\cos\alpha \\ v_{oy} = v_o\sin\alpha \end{vmatrix}$ $\overrightarrow{OG_o}\begin{vmatrix} x_o = 0 \\ y_o = 0 \end{vmatrix}$ à un instant quelconque,

$\vec{v}\begin{vmatrix} v_x = v_o\cos\alpha \\ v_y = e\dfrac{E}{m}t + v_o\sin\alpha \end{vmatrix} \Rightarrow \overrightarrow{OM}\begin{vmatrix} x = (v_o\cos\alpha)t \\ y = e\dfrac{E}{2m}t^2 + (v_o\sin\alpha)t = e\dfrac{U'}{2md}t^2 + (v_o\sin\alpha)t \end{vmatrix}$; l'équation de la trajectoire s'écrit :

$y = -e\dfrac{U'}{2md}\dfrac{x^2}{v_o^2(\cos\alpha)^2} + x\tan\alpha = -e\dfrac{U'}{2md}\dfrac{x^2}{(\cos\alpha)^2}\dfrac{m}{2eU} + x\tan\alpha = -\dfrac{U'}{4Ud}\dfrac{x^2}{(\cos\alpha)^2} + x\tan\alpha$.

Les coordonnées du point de sortie O' sont (x=L ; y = 0) ; lorsqu'on remplace dans l'équation de la trajectoire, on obtient $0 = -\dfrac{U'}{4Ud}\dfrac{L^2}{(\cos\alpha)^2} + L\tan\alpha \Rightarrow U' = \dfrac{4Ud(\cos\alpha)^2\tan\alpha}{L} = \dfrac{2Ud\sin 2\alpha}{L}$

$U' = 606{,}217782649107$ V

$v_y = -e\dfrac{E}{m}t + v_o\sin\alpha = -e\dfrac{U'}{md}t + v_o\sin\alpha = 0 \Rightarrow t = \dfrac{mdv_o\sin\alpha}{eU'} = 2{,}64.10^{-7}$ s

On remplace cette valeur de t dans y et on trouve $y_m = 0{,}02886$ m = 2,886 cm

La distance minimale cherchée est $d_m = d/2 - y_m = 0{,}61$ cm.

$$\frac{dy}{dx} = -\frac{U'}{2Ud}\frac{x}{(\cos\alpha)^2} + \tan\alpha = 0 \Rightarrow x = \frac{Ud(\cos\alpha)^2 \tan\alpha}{2U'} = \frac{Ud\sin 2\alpha}{4U'} = 0,1 \text{ m} = 10 \text{ cm}.$$

On peut aussi faire
Et remplacer dans l'équation de la trajectoire, avant de calculer d_m.

Solution 6. DÉVIATION DE PARTICULE α . 5 PTS

$$\sum \vec{F} = \vec{F} = m\vec{a} = 2e\vec{E} \Rightarrow \vec{a} = \frac{2e\vec{E}}{m}$$

	Axe Ox	Axe Oy
Champ électrique	$E_x = 0$	$E_y = -\frac{U}{d} = -4000$ V/m
Force électrique	$F_x = 0$	$F_y = -2eE = 1,28.10^{-15}$ N
Accélération	$a_x = 0$	$a_y = -\frac{2eE}{m} = -1,92.10^{11}$ m.s^{-2}
Vitesse initiale	$v_{ox} = v_o\cos\alpha = 1,81.10^5$ m/s	$v_{oy} = v_o\sin\alpha = 8,45.10^4$ m/s

$E_y = -\frac{U}{d}$ AN $E_y = -400/0,10 = -4000$ V/m
$F_y = -2 \times 1,6.10^{-19} \times 4000 =$

$\vec{a} \begin{vmatrix} a_x = 0 \\ a_y = -2e\frac{E}{m} \end{vmatrix}$ et $\vec{v_o} \begin{vmatrix} v_{ox} = v_o\cos\alpha \\ v_{oy} = v_o\sin\alpha \end{vmatrix} \overrightarrow{OG_o} \begin{vmatrix} x_o = 0 \\ y_o = 0 \end{vmatrix}$ à un instant quelconque,

$\vec{v} \begin{vmatrix} v_x = v_o\cos\alpha \\ v_y = -2e\frac{E}{m}t + v_o\sin\alpha \end{vmatrix} \Rightarrow \overrightarrow{OM} \begin{vmatrix} x = (v_o\cos\alpha)t \\ y = -e\frac{E}{m}t^2 + (v_o\sin\alpha)t = -e\frac{U}{md}t^2 + (v_o\sin\alpha)t \end{vmatrix}$; l'équation de la

trajectoire s'écrit : $y = -e\frac{U}{md}\frac{x^2}{v_o^2(\cos\alpha)^2} + x\tan\alpha$. $A = -e\frac{U}{md}\frac{1}{v_o^2(\cos\alpha)^2} = $; $B = \tan\alpha$
$A = -3,04$; $B = 0,47$

$\frac{dy}{dx} = -2e\frac{U}{md}\frac{x}{v_o^2(\cos\alpha)^2} + \tan\alpha = 0 \Rightarrow x = \frac{mdv_o^2(\cos\alpha)^2 \tan\alpha}{2eU}$ AN ; $x = 0,0798$ m $= 0,08$ $y_{max} = 0,0178$.

L'ordonnée maximale est à $d = d/2 - y_{max} = 0,0314$ m de l'armature ; donc la particule ne touche pas l'armature supérieure.

On peut aussi faire $v_y = 0$, c'est-à-dire $v_y = -2e\frac{E}{m}t + v_o\sin\alpha = 0 \Rightarrow t = \frac{mv_o\sin\alpha}{2eE} = \frac{mv_od\sin\alpha}{2eU} = 4,41.10^{-7}$ s, et on remplace dans l'expression $y(t)$

Ordonnée du point de sortie : $x_s = L = 0,2$, et après remplacement dans l'équation de la trajectoire, on obtient $y_s = -0,028$

Exercices corrigés de Physique pour les Terminales scientifiques/Tchassé

Solution 7

Le vecteur $\vec{B}$ est sortant.

3. Pour α petit, on a $\sin\alpha \approx \alpha = \dfrac{l}{R}$, puisque l'arc $\overset{\frown}{OS} \approx l$

4. Après leur sortie du champ magnétique, les protons ne sont soumis à aucune force ; ils ont un mouvement rectiligne uniforme d'après le principe de l'inertie

$\tan\alpha = \dfrac{D}{L}$ Comme $\tan\alpha = \sin\alpha = \alpha =$, on a $\dfrac{D}{L} = \dfrac{l}{R} = \dfrac{leB}{mv_o} \Rightarrow D = \dfrac{LBl}{v_o}\dfrac{e}{m}$

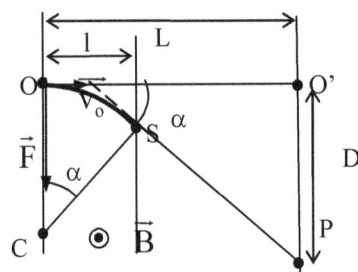

Solution 8.

Les <u>isotopes</u> sont les nucléides ayant le même nombre de charge, mais des nombres de masse différents.

$\vec{F} = q(\vec{v}\wedge\vec{B}) = |q|vB\vec{N} = m\vec{a} \Rightarrow \vec{a} = \dfrac{|q|vB}{m}\vec{N} = \dfrac{v^2}{R}\vec{N} + \dfrac{dv}{dt}\vec{T}$. Par identification, on obtient

$\dfrac{dv}{dt} = 0$ donc $v = cte$; le mouvement est uniforme.

$\dfrac{v^2}{R} = \dfrac{|q|vB}{m} \Rightarrow R = \dfrac{mv}{|q|B} = \dfrac{mv}{eB} = cte$; le mouvement est circulaire.

A.N. R = 0,5341 m = 53,41 cm.

$OP_1 = 2R_1$; $OP_2 = 2R_2$; $d = OP_2 - OP_1 = 2R_1 - 2R_2 = 2(R_1 - R_2)$

$\Rightarrow R_2 = \dfrac{d}{2} + R_1 = 56,46\ cm$; $R_2 = \dfrac{m_2 v}{eB} \Rightarrow m_2 = \dfrac{R_2 eB}{v} = 6,143.10^{-26}\ kg$

A = $m_2 \times N$ = 6,1453.10^{-26} × 6,02.10^{23} = 0,03699 kg = 37 g.

Solution 9.

Comme le point d'impact est au dessus de I, alors la force électrique est orientée du bas vers le haut ; les particules α de charge positive sont donc attirées par la plaque A qui par conséquent porte une charge négative, et sont repoussés par la la plaque B qui porte donc une charge positive. Le champ électrique est vertical et orienté de B vers A ; on peut aussi remarquer que comme la charge de la particule est positive le champ électrique et la force électrique ont la même direction et le même sens.

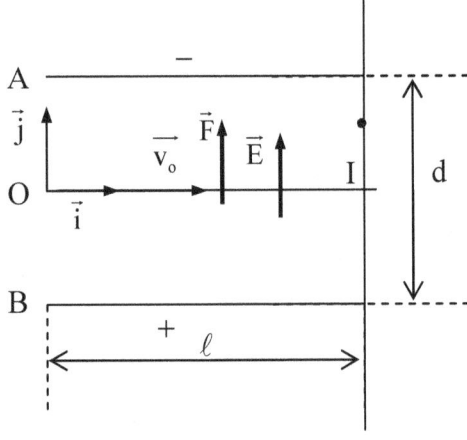

Pour établir l'équation de la trajectoire, on applique le théorème du centre d'inertie ;

Système : particule ;

Forces appliquées : la force électrostatique $\vec{F_e} = q\vec{E}$; Le TCI s'écrit : $\sum\vec{F_{ext}} = \vec{F_e} = m\vec{a}$; on peut donc écrire $q\vec{E} = m\vec{a} \Rightarrow \vec{a} = \dfrac{q}{m}\vec{E}$.

A t =0, on a $\overrightarrow{OG_0}\begin{vmatrix} x_o = 0 \\ y_o = 0 \\ z_o = 0 \end{vmatrix}$ et $\overrightarrow{v_o}\begin{vmatrix} v_{ox} = v_o \\ v_{oy} = 0 \\ v_{oz} = 0 \end{vmatrix}$ pendant le mouvement, on a

$\vec{a}\begin{vmatrix} a_x = 0 \\ a_y = -\dfrac{qE}{m} \\ a_z = 0 \end{vmatrix}$ à partir d'ici, on trouve $\vec{v}\begin{vmatrix} v_x = \dot{x} = v_o \\ v_y = \dot{y} = \dfrac{qE}{m}t \\ v_z = \dot{z} = 0 \end{vmatrix}$ et $\overrightarrow{OG}\begin{vmatrix} x = v_o t \\ y = \dfrac{1}{2}\dfrac{qE}{m}t^2 \\ z = 0 \end{vmatrix}$

Lorsqu'on élimine t, on trouve l'équation de la trajectoire de la particule :

$y = \dfrac{1}{2}\dfrac{qE}{mv_o^2}x^2 = \dfrac{1}{2}\dfrac{qU}{mdv_o^2}x^2$; puisque $E = \dfrac{U}{d}$.

Les coordonnées du point d'impact à la sortie sont : $x_S = \ell$ et $y_S = \dfrac{1}{2}\dfrac{qU}{mdv_o^2}\ell^2 \Rightarrow U = \dfrac{2mdv_o^2 y_S}{q\ell^2}$.

A.N. U = 937968,75 V

Solution 10. Particule chargée dans un Champ électrique.

Système : particule ;

Forces appliquées : la force électrostatique $\vec{F_e} = q\vec{E}$, et le poids de la particule $\vec{P} = m\vec{g}$.

Le TCI s'écrit : $\sum \vec{F_{ext}} = \vec{F_e} + \vec{P} = m\vec{a}$; on néglige toujours le poids devant la force électrostatique ; il reste par conséquent : $q\vec{E} = m\vec{a} \Rightarrow \vec{a} = \dfrac{q}{m}\vec{E}$.

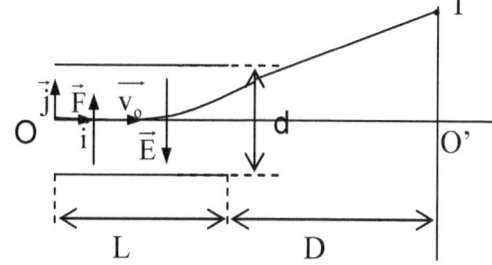

A t =0, on a $\overrightarrow{OG_0}\begin{vmatrix} x_o = 0 \\ y_o = 0 \end{vmatrix}$ et $\vec{v_o}\begin{vmatrix} v_{ox} = v_o \\ v_{oy} = 0 \end{vmatrix}$ pendant le mouvement, on a

$\vec{a}\begin{vmatrix} a_x = 0 \\ a_y = -\dfrac{qE}{m} \end{vmatrix}$ à partir d'ici, on trouve $\vec{v}\begin{vmatrix} v_x = \dot{x} = v_o \\ v_y = \dot{y} = -\dfrac{qE}{m}t \end{vmatrix}$ et $\overrightarrow{OG}\begin{vmatrix} x = v_o t \\ y = -\dfrac{1}{2}\dfrac{qE}{m}t^2 \end{vmatrix}$

Lorsqu'on élimine t, on trouve l'équation de la trajectoire de la charge q :

$y = -\dfrac{1}{2}\dfrac{qE}{mv_o^2}x^2$ avec $0 \leq x \leq L$.

- **Déviation électrostatique** : à la sortie du champ, la particule n'est plus soumise à aucune force. D'après le principe de l'inertie, sa trajectoire est une droite, de même direction que $\vec{v_S}$. L'angle α formé par la direction de $\vec{v_o}$ et celle de $\vec{v_S}$ est appelée déviation électrostatique. On peut la déterminer de deux manières :

$\tan\alpha = \dfrac{v_{ys}}{v_{xs}} = -\dfrac{qEL}{mv_o^2} = 0{,}3692$, soit α=20,26° ; on peut aussi dériver l'équation de la trajectoire et faire x = L.

- Coordonnées du point de sortie : $x_S = L = 0{,}14$ m et $y_S = -\dfrac{1}{2}\dfrac{qE}{mv_o^2}L^2 = 0{,}0258$ m = 2,58 cm.

- **Déflexion électrostatique :** c'est la distance O'I. Les coordonnées du point d'impact I sur l'écran sont : $\overrightarrow{OI} \begin{vmatrix} x_I = L + D \\ y_I = O'H + HI \end{vmatrix}$ $NH = y_S = -\dfrac{qEL^2}{2mv_o^2}$ avec $\tan\alpha = \dfrac{HI}{HS} \Rightarrow HI = D\tan\alpha$

$HI = -\dfrac{DqEL}{mv_o^2} \Rightarrow y_I = -\dfrac{qEL}{mv_o^2}\left(D + \dfrac{L}{2}\right)$ en remplaçant $E = U_{AC}/d$, on obtient finalement

$y_I = -\dfrac{qL}{mdv_o^2}\left(D + \dfrac{L}{2}\right)U_{AC}$ =0,0996=0,1m=10 cm.

5 - LES OSCILLATEURS MECANIQUES

Solution 1

1. soit f l'intensité de la traction, a, l'allongement du ressort, et k sa raideur : on a F = ka, ce qui donne a = $\dfrac{F}{k} = \dfrac{0,3}{0,01} = 30\,\text{N.m}^{-1}$.

2. a. pour écrire l'équation différentielle du mouvement, on applique le Théorème du centre d'inertie. Système : Solide (S) ; référentiel terrestre supposé galiléen ; bilan des force : le poids du solide $\vec{P}$, la réaction de la tige $\vec{R}$, la tension du ressort $\vec{T}$; le TCI s'écrit : $\sum \vec{F}_{ext} = m\vec{a}$; c'est-à-dire $\vec{T} + \vec{P} + \vec{R} = m\vec{a}$ la projection de cette relation sur

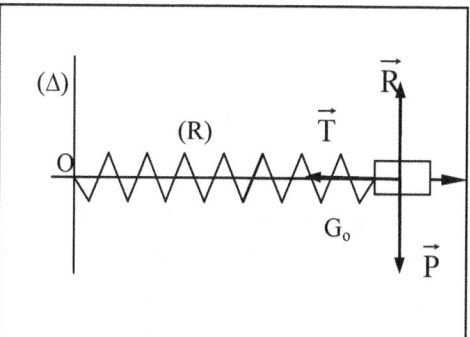

l'axe Ox s'écrit $-kx = ma \Rightarrow \dfrac{d^2x}{dt^2} + \dfrac{k}{m}x = 0$; c'est l'équation différentielle du mouvement. Une solution de cette équation est $x = X_m \sin(\omega t + \varphi)$; $X_m = 5$ cm et à $t = 0$, $x = X_m$, soit $X_m = X_m \sin\varphi$; ce qui donne $\sin\varphi = 1$, soit $\varphi = \pi/2$; l'équation horaire s'écrit donc $x = 5\sin(\omega t + \pi/2)$ avec la cosinus, cette équation s'écrit $x = 5\cos\omega t$.

Pour trouver la vitesse au passage par Go, on commence par trouver la vitesse instantanée : $v = \dfrac{dx}{dt} = -5.10^{-2}\omega \sin\omega t$ Au passage par la position d'équilibre, la vitesse est maximale : $v_m = 5.10^{-2}.\omega = 5.10^{-2}\sqrt{\dfrac{30}{0,1}} = 0,87\,\text{m.s}^{-1}$. la vitesse peut aussi se calculer par la conservation de l'énergie mécanique totale $E_{c\,max} = E_{p\,max} \Leftrightarrow \dfrac{1}{2}kX_m^2 = \dfrac{1}{2}mv_m^2 \Rightarrow v_m = X_m\sqrt{\dfrac{k}{m}}$

Il y a deux manières de montrer que l'énergie mécanique du système est constante.

- Soit écrire l'expression de l'énergie mécanique à savoir $E_m = E_p + E_c = 1/2\,mv^2 + 1/2\,kx^2$, et on la dérive par rapport au temps $\dfrac{dE}{dt} = k.x.\dfrac{dx}{dt} + m.v.\dfrac{dv}{dt}$ et $\dfrac{dv}{dt} = \dfrac{d^2x}{dt^2}$ donc $\dfrac{dE}{dt} = (kx + m\dfrac{d^2x}{dt^2}).v = 0$ puisque $kx + m\dfrac{d^2x}{dt^2} = 0$. Ce qui signifie que E est constant.

- On peut aussi remplacer x et v par leurs expressions comme fonction du temps ; $E_m = 1/2\,kx^2 + 1/2\,mv^2$; $x = X_m \sin(\omega_0 t + \varphi)$ et $v = \dfrac{dx}{dt} = \omega_0 X_m \cos(\omega_0 t + \varphi)$, donc

$E = \dfrac{1}{2}kX_m^2\sin^2(\omega_0 t + \varphi) + \dfrac{1}{2}m\omega_0^2 X_m^2\cos^2(\omega_0 t + \varphi) = \dfrac{1}{2}kX_m^2\left[\sin^2(\omega_0 t + \varphi) + \cos^2(\omega_0 t + \varphi)\right]$

puisque $m\omega_0^2 = k$; on a donc finalement $E_m = \dfrac{1}{2}kX_m^2 = E_i$. L'énergie mécanique totale d'un pendule élastique horizontal est constante.

Pour la valeur numérique de E_m on choisit par exemple la position d'équilibre ; dans cette position, l'allongement du ressort étant nulle, l'énergie potentielle élastique du ressort est nulle ; l'énergie mécanique se réduit à l'énergie cinétique dans cette position. $E_m = E_c = 1/2\,mV_m^2 = 0,038$ J.

On peut aussi calculer l'énergie mécanique avec l'énergie potentielle élastique dans la position correspondant à $x = X_m$; $E_m = E_c = 1/2\,kX_m^2 = 0,038$ J.

Réponses 2.:

$J_\Delta = ml^2/2$; $\dfrac{d^2\theta}{dt^2} + \dfrac{mgl}{2J_\Delta}\sin\theta = 0$; pour les petites valeurs de θ, l'équation devient $\dfrac{d^2\theta}{dt^2} + \dfrac{3g}{2l}\theta = 0$;

$\omega = \sqrt{\dfrac{3g}{2l}}$ donc $T = 2\pi\sqrt{\dfrac{2l}{3g}} = 1{,}46$ s. $E_m = \dfrac{ml^2}{6}\left(\dfrac{d\theta}{dt}\right)^2 + \dfrac{mgl}{2}(1-\cos\theta)$; $E_m = 0{,}29$ J.

$\dot\theta = \sqrt{\dfrac{6E_c}{ml^2}} = 4{,}26$ rad.s^{-1}.

Solution 3.

Système : la tige dans une position quelconque ;
Référentiel terrestre supposé galiléen

Forces appliquées : le poids $\vec{P}$ de la tige, la tension $\vec{T}$ du fil, le moment M_Δ du couple de torsion. Puisque c'est la rotation, on applique le théorème du centre d'inertie pour la rotation ; $\sum M_\Delta = J_\Delta \ddot\theta$
$M_\Delta(\vec{P}) = 0$ et $M_\Delta(\vec{T}) = 0$ puisque ces forces sont confondues avec l'axe de rotation ; il ne reste plus que le moment du couple d torsion $M = -C\theta$; il vient donc $-C\theta = J_\Delta \ddot\theta$ c'est-à-dire $C\theta + J_\Delta \ddot\theta = 0$ on obtient finalement l'équation $\dfrac{d^2\theta}{dt^2} + \dfrac{C}{J_\Delta}\theta = 0$ c'est une équation différentielle du type

$\dfrac{d^2\theta}{dt^2} + \omega^2\theta = 0$ avec $\omega^2 = \dfrac{C}{J_\Delta}$; c'est l'équation horaire d'un **mouvement sinusoïdal de rotation** d'amplitude θ_m, de pulsation propre

$\omega_0 = \sqrt{\dfrac{C}{J_\Delta}}$ et de période propre $T_0 = 2\pi\sqrt{\dfrac{J_\Delta}{C}}$

$T_0 = 2\pi\sqrt{\dfrac{J_\Delta}{C}} \Rightarrow T_0^2 = 4\pi^2 \dfrac{J_\Delta}{C}$ on en déduit $C = 4\pi^2 \dfrac{J_\Delta}{T_0^2} = 1{,}58.10^{-1}$ N.m.rad^{-1}.

Solution 4.

a. pour écrire l'équation différentielle du mouvement, on applique le Théorème du centre d'inertie. Système : Solide (S) ; référentiel terrestre supposé galiléen ; bilan des forces : le poids du solide $\vec{P}$, la réaction de la tige $\vec{R}$, les tensions des ressorts $\vec{T_1}$ et $\vec{T_2}$; le TCI s'écrit : $\sum \vec{F_{ext}} = m\vec{a}$;

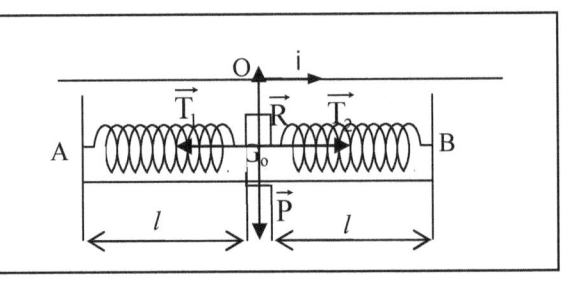

c'est-à-dire $\vec{T_1} + \vec{T_2} + \vec{P} + \vec{R} = m\vec{a}$ la projection de cette relation sur l'axe Ox s'écrit $k(x_0 - x) - k(x_0 + x) = ma \Rightarrow \dfrac{d^2x}{dt^2} + 2\dfrac{k}{m}x = 0$; c'est une équation différentielle du second ordre sans second membre avec $\omega^2 = \dfrac{2k}{m}$.

b. La période vaut $T = \dfrac{2\pi}{\omega} = 2\pi\sqrt{\dfrac{m}{2k}}$ A.N. $T = 1{,}24$ s.

c. L'équation horaire s'écrit : $X = a\sin(\omega t + \varphi)$ donc $v = a\omega\cos(\omega t + \varphi)$; la vitesse maximale $v_{max} = a\omega = a\sqrt{\dfrac{2k}{m}}$ A.N $v_{max} = 0,63$ m.s^{-1}.

d. $E = E_{pe1} + E_{pe2} = \dfrac{1}{2}k(l-l_o+d)^2 + \dfrac{1}{2}k(l-l_o-d)^2 = \dfrac{1}{2}\left[(l-l_o+a)^2 + (l-l_o-a)^2\right]$ A.N. $E = 0,275$ J.

Solution 5.

Allongement à l'équilibre : $x_o = l - l_o = 0,02$ m.

Pour la raideur, on écrit la relation à l'équilibre. $\vec{T_o} + \vec{P} = \vec{0}$ soit $kx_o = mg$ on en tire $k = \dfrac{mg}{x_o} = 24,5$ Nm^{-1}.

pour trouver la période, on applique le Théorème du centre d'inertie. Système : Solide (S) ; référentiel terrestre supposé galiléen ; bilan des force : le poids du solide $\vec{P}$, la tension $\vec{T}$; le TCI s'écrit : $\sum \vec{F_{ext}} = m\vec{a}$; c'est-à-dire $\vec{T} + \vec{P} = m\vec{a}$ la projection de cette relation sur l'axe Ox s'écrit $-k(x_o + x) + mg = ma \Rightarrow \dfrac{d^2x}{dt^2} + \dfrac{k}{m}x = 0$; c'est une équation différentielle du second ordre sans second membre avec $\omega^2 = \dfrac{k}{m}$.

La période vaut $T = \dfrac{2\pi}{\omega} = 2\pi\sqrt{\dfrac{m}{k}}$ A.N. $T = 0,28$ s.

$E_{pp} = -mgx$.

$\Delta l = x + x_o$; $E_{pe} = \dfrac{1}{2}k(x+x_o)^2$.

$E_M = E_{pe} + E_{pp} + E_c$; à $t = 0$, $E_c = 0$ $E_{pe} = -\dfrac{1}{2}k(a+x_o)^2$; $E_{pp} = -mga$.

$E_M = \dfrac{1}{2}k(a+x_o)^2 - mga = 6,12.10^{-3}$ J ; E_M est constante si on néglige les frottements.

, et la valeur de la vitesse.

Solution 6.

$T = 0,8$ s ; $a = 2,5$ cm ; $T = \dfrac{2\pi}{\omega} = 2\pi\sqrt{\dfrac{m}{k}} \Rightarrow k = \dfrac{4\pi^2 m}{T^2}$ A.N. $k = 12,70$ N.m^{-1}.

2.1. $E_p = \dfrac{1}{2}kx^2$.

2.2. $E_{po} = \dfrac{1}{2}kX_m^2$. A.N. $E_{po} = 3,97.10^{-3}$ J.

2.3. pour $x = X_m$, $E_c = 0$; $E_m = E_{po} = 3,97.10^{-3}$ J.

3.1. pour $x = 0$, $E_{pe} = 0$; $E_m = E_c = 3,97.10^{-3}$ J.

3.2. $E_c = \dfrac{1}{2}mv_m^2 \Rightarrow v = \sqrt{\dfrac{2E_c}{m}}$; A.N. $v = 0,196$ m.s^{-1}.

Solution 7 :

Système : cerceau ; référentiel terrestre supposé galiléen ; bilan des force : le poids du cerceau $\vec{P}$, la réaction de l'axe (Δ) $\vec{R}$. Comme

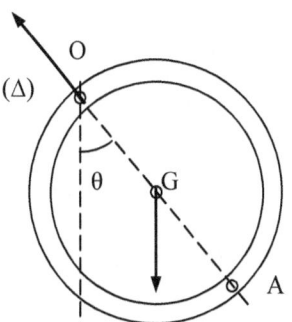

le cerceau est en rotation, le TCI s'écrit : $\sum M = J_\Delta \ddot{\theta}$ c'est-à-dire $M(\vec{P}) + M(\vec{R}) = J_\Delta \ddot{\theta}$ soit :

$-mgR\sin\theta = J_\Delta \ddot{\theta} \Rightarrow \ddot{\theta} + \dfrac{mgR}{J_\Delta}\sin\theta = 0$ comme $\theta < 10°$,

on en déduit $\ddot{\theta} + \dfrac{mgR}{J_\Delta}\theta = 0$ le moment d'inertie du cerceau vaut $J_\Delta = 2mR^2$; lorsqu'on remplace, on

obtient : $\ddot{\theta} + \dfrac{g}{2R}\theta = 0$; une solution à cette équation différentielle peut s'écrire $\theta = \theta_m \sin(\omega t + \varphi)$

à $t = 0$, $\theta = \theta_m$, soit, en remplaçant, $\theta_m = \theta_m \sin\varphi$; on en déduit $\varphi = \dfrac{\pi}{2}$; $\dot{\theta} = -\theta_m \omega \sin\omega t$

la solution s'écrit donc : $\theta = \theta_m \sin(\omega t + \pi/2)$ ce qui peut s'écrire lus simplement $\theta = \theta_m \cos(\omega t)$; la vitesse angulaire s'écrit : $\dot{\theta} = -\omega\theta_m \sin\omega t$: au passage par la position d'équilibre, la vitesse angulaire est maximale ; $\dot{\theta}_m = \omega\theta_m$ A.N. $\dot{\theta} = \sqrt{\dfrac{g}{2R}}\theta_m = \sqrt{\dfrac{10}{2 \times 0,20}} \times \dfrac{10 \times \pi}{360} = 0,436$ rad.s^{-1}

$\boxed{P}$ Système : cerceau et masse ; référentiel terrestre supposé galiléen ; bilan des force : le poids du cerceau $\vec{P}$, le poids de la masse $\vec{P}$, la réaction de l'axe (Δ) $\vec{R}$. Comme le cerceau est en rotation, le TCI s'écrit : $\sum M = (J_\Delta + J'_\Delta)\ddot{\theta}$ c'est-à-dire $M(\vec{P}) + M() + M(\vec{R}) = (J_\Delta + J'_\Delta)\ddot{\theta}$ soit :

$-mgR\sin\theta - 2mgR\sin\theta = (J_\Delta + J'_\Delta)\ddot{\theta}$, soit $-3mgR\sin\theta = (2mR^2 + m(4R^2))\ddot{\theta}$ après simplification,

on a $-g\theta = 2R\ddot{\theta}$ soit $\ddot{\theta} + \dfrac{g}{2R}\theta = 0$ équation de la forme $\ddot{\theta} + \omega^2\theta = 0$ avec $\omega = \sqrt{\dfrac{g}{2R}}$

la solution de cette équation s'écrit $\theta = \theta_m \cos(\omega t)$; $T = 2\pi/\omega = 1,25$ s.

3. électroaimant.

$\sum M = (J_\Delta + J'_\Delta)\ddot{\theta}$ c'est-à-dire $M(\vec{P}) + M(\vec{P}) + M(\vec{R}) + M(\vec{F}) = (J_\Delta + J'_\Delta)\ddot{\theta}$

Soit $-mgR\sin\theta - 2mgR\sin\theta - 2FR\sin\theta = 6mR^2\ddot{\theta}$ on en déduit

$\ddot{\theta} + \dfrac{(3mg + 2F)}{6mR}\theta = 0$ ceci donne $\omega = \sqrt{\dfrac{(3mg + 2F)}{6mR}} = 7,071$ rad.s^{-1} ; $T = \dfrac{2\pi}{\omega} = 0,88$ s

Solution 8.

Avant le choc, on a $\vec{P} = M_2 \vec{V_2}$; après le choc, $\vec{P'} = (M_1 + M_2)\vec{V}$

la conservation de la quantité de mouvement permet d'écrire $\vec{P} = \vec{P'}$ soit $M_2\vec{V_2} = (M_1 + M_2)\vec{V}$;

on en déduit, après projection sur un axe horizontal, $V = \dfrac{M_2}{M_1 + M_2}V_2 = 0,32$ m.s^{-1}

l'énergie cinétique du système $E_C = \dfrac{1}{2}(M_1 + M_2)V^2 = 2,56$ J

l'application de la TCI s'écrit : $\sum \vec{F} = M\vec{a}$ soit $\vec{P} + \vec{R} + \vec{T} = m\vec{a}$; la projection sur un axe horizontal s'écrit

$-kx = ma$, soit $\ddot{x} + \dfrac{k}{m}x = 0$ la solution de cette équation s'écrit $x = X_m \sin(\omega t + \varphi)$

à $t = 0$, $x = 0$ donc $\sin\varphi = 0 \Rightarrow x = X_m \sin\omega t$

3. étude énergétique $E_M = E_C + E_{PE} = \dfrac{1}{2}MV^2 + \dfrac{1}{2}kx^2$; $\dfrac{dE_M}{dt} = MV\dfrac{dV}{dt} + kx\dfrac{dx}{dt} = V\left(M\dfrac{d^2x}{dt^2} + kx\right) = 0$

donc E_M est constante.

Solution 9.

la TCI s'écrit: $\vec{T}+\vec{P}=m\vec{a}$; la projection donne $-mg\sin\theta = ml\sin\ddot{\theta}$

$\ddot{\theta}+\dfrac{g}{l}\theta = 0$; $\omega=\sqrt{\dfrac{g}{l}}$ et $T = 2\pi\sqrt{\dfrac{l}{g}} = 2,84s$

$\Delta E_C = \sum W(\vec{F}) \Rightarrow \dfrac{1}{2}mv^2 = mgl(1-\cos\theta) \Rightarrow v = \sqrt{2gl(1-\cos\theta)} = 2,29 m.s^{-1}$.

$\vec{T}+\vec{P}=m\vec{a}$ par projection, on a $T - mg = m\dfrac{v^2}{l} \Rightarrow T = \left(\dfrac{v^2}{l}+g\right) = 0,124N$

quand l'angle θ est maximal, v=0; donc $T-mg\cos\theta_m = 0$; comme $T = \dfrac{mg}{2}$; soit

$\dfrac{mg}{2} - mg\cos\theta_m = 0 \Rightarrow \cos\theta_m = \dfrac{1}{2}$; donc $\theta_m = 60°$

$\Delta E_C = \sum W(\vec{F}) \Rightarrow \dfrac{1}{2}mv_s^2 - \dfrac{1}{2}mv_o^2 = W(\vec{P}) = mgh$; on en déduit $v_S = \sqrt{2gh+v_o^2}$ avec $v_o^2 = 2gl(1-\cos 60°)$

donc $v_S = \sqrt{2g(H-1)+2gl(1-\cos 60°)} = 6,26\ m.s^{-1}$.

Solution 10.

$AB = l_o + x_A + x_B$ et à l'équilibre, on a $\vec{T_1}+\vec{T_2}+\vec{P}=\vec{0}$, ce qui donne par projection $-kx_A + kx_B + mg = 0$; on obtient le système d'équations suivant :

$\begin{cases} AB - l_o = x_A + x_B \\ \dfrac{mg}{k} = x_A - x_B \end{cases}$ la résolution de ce système donne $x_A = \dfrac{1}{2}\left(AB - 2l_o + \dfrac{mg}{k_o}\right)$ A.N. $x_A = 0,1$ m = 10 cm ; $x_B = \left(x_A - \dfrac{mg}{k}\right)$; A.N. $x_B = 5.10^{-2}$ m = 5 cm ; $l_o + x_A = 15 + 10 = 25$ cm ; $l_o + x_B = 15 + 5 = 20$ cm.

e. pour écrire l'équation différentielle du mouvement, on applique le Théorème du centre d'inertie. Système : disque (D) ; référentiel terrestre supposé galiléen ; bilan des forces : le poids du solide $\vec{P}$, les tensions des ressorts $\vec{T_1}$ et $\vec{T_2}$;

à l'équilibre, on a $\vec{T_1}+\vec{T_2}+\vec{P}=\vec{0}$, ce qui donne par projection $-kx_A + kx_B + mg = 0$

1. pendant le mouvement, le TCI s'écrit : $\sum \vec{F_{ext}} = m\vec{a}$; c'est-à-dire $\vec{T_1'}+\vec{T_2'}+\vec{P}=m\vec{a}$; la projection de cette relation sur l'axe Ox s'écrit $-k(x_A + x) + k(x_B - x) + mg = ma \Rightarrow \dfrac{d^2x}{dt^2}+2\dfrac{k}{m}x = 0$; c'est une équation différentielle du second ordre sans second membre avec $\omega^2 = \dfrac{2k}{m}$. Une solution de cette équation est $x = X_m\sin(\omega t + \varphi)$; $X_m = 3$ cm et à t = 0, x = X_m, soit $X_m = X_m\sin\varphi$; ce qui donne $\sin\varphi=1$, soit $\varphi=\pi/2$; l'équation horaire s'écrit donc $x = 3\sin(\omega t + \pi/2)$ avec la cosinus, cette équation s'écrit $x = 3\cos\omega t$.

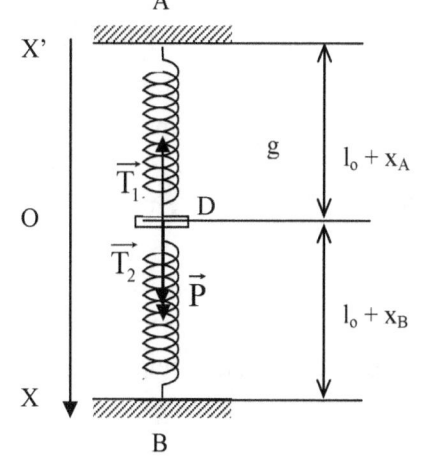

- Soit écrire l'expression de l'énergie mécanique à savoir $E_m = E_{pe} + E_c + E_{pp} =$
$\frac{1}{2}k(x_A + x)^2 + \frac{1}{2}k(x_B - x)^2 - mgx + \frac{1}{2}mv^2 =$
$\frac{1}{2}kx_A^2 + \frac{1}{2}kx_B^2 + kx^2 + kx(x_A - x_B) - mgx + \frac{1}{2}mv^2 = \frac{1}{2}kx_A^2 + \frac{1}{2}x_B^2 + kx^2 + \frac{1}{2}mv^2$, et on la
dérive par rapport au temps $\frac{dE}{dt} = k.x.\frac{dx}{dt} + m.v.\frac{dv}{dt}$ et $\frac{dv}{dt} = \frac{d^2x}{dt^2}$ donc
$\frac{dE}{dt} = (2kx + m\frac{d^2x}{dt^2}).v = 0$ puisque $2kx + m\frac{d^2x}{dt^2} = 0$. Ce qui signifie que E est constant.

Solution 11

$E_C = \frac{1}{2}mv^2$; avec $v = l\dot\theta \Rightarrow EC = \frac{1}{2}ml^2\dot\theta^2 = mgl(\cos\theta - \cos\theta_m)$; $E_P = mgl(1-\cos\theta)$

$E_m = E_C + E_P = E_C = \frac{1}{2}ml^2\dot\theta^2 + mgl(1-\cos\theta)$ avec $1-\cos\theta = \frac{1}{2}\theta^2$

$E_m = \frac{1}{2}ml^2\dot\theta^2 + \frac{1}{2}mgl\theta^2$; E_m cste $\Rightarrow \frac{dE_m}{dt} = 0 \Rightarrow ml^2\ddot\theta\dot\theta + mgl\dot\theta\theta = 0 \Rightarrow ml^2\dot\theta\left(\ddot\theta + \frac{g}{l}\theta\right) = 0$

d'où $\ddot\theta + \frac{g}{l}\theta = 0$; on peut écrire $\ddot\theta + \omega^2\theta = 0$ avec $\omega^2 = \frac{g}{l}$; $t = 10T = 20s$; soit $T = 2s$. La période

est $T = \frac{2\pi}{\omega} = 2\pi\sqrt{\frac{g}{l}} \Rightarrow l = \frac{T^2}{4\pi^2}g = 0,5\ m$.

Solution 12.

T = 0,8 s ; a = 2,5 cm ;
$T = \frac{2\pi}{\omega} = 2\pi\sqrt{\frac{m}{k}} \Rightarrow k = \frac{4\pi^2 m}{T^2}$ A.N. k= 12,70 N.m^{-1}.

2.1. $Ep = \frac{1}{2}kx^2$.

2.2. $E_{po} = \frac{1}{2}kX_m^2$. A.N. $E_{po} = 3,97.10^{-3}$ J.

2.3. pour $x = X_m$, $E_c = 0$; $E_m = E_{po} = 3,97.10^{-3}$ J.
3.1. pour $x = 0$, $E_{pe} = 0$; $E_m = E_c = 3,97.10^{-3}$ J.

3.2. $E_c = \frac{1}{2}mv_m^2 \Rightarrow v = \sqrt{\frac{2E_c}{m}}$; A.N. v = 0,196 m.s^{-1}.

$Ep = \frac{1}{2}kx^2 = 1,43.10^{-3}$ J; $E_C = E_M - E_P = 2,54.10^{-3}$ J; $E_C = \frac{1}{2}mv^2 \Rightarrow v = \sqrt{\frac{2E_C}{m}} = 0,157$ m.s^{-1}

Solution 13.

Allongement à l'équilibre : $x_o = \ell - \ell_o = 0,02$ m.

Pour la raideur, on écrit la relation à l'équilibre. $\vec{T_o} + \vec{P} = \vec{0}$ soit $kx_o = mg$ on en tire $k = \frac{mg}{x_o} = 24,5$ Nm^{-1}.

pour trouver la période, on applique le Théorème du centre d'inertie. Système : Solide (S) ; référentiel terrestre supposé galiléen ; bilan des force : le poids du solide $\vec{P}$, la tension $\vec{T}$; le TCI s'écrit : $\sum \vec{F_{ext}} = m\vec{a}$; c'est-à-dire $\vec{T} + \vec{P} = m\vec{a}$ la projection de cette relation sur l'axe Ox s'écrit –

$k(x_o + x) + mg = ma \Rightarrow \dfrac{d^2x}{dt^2} + \dfrac{k}{m}x = 0$; c'est une équation différentielle du second ordre sans second membre avec $\omega^2 = \dfrac{k}{m}$.

La période vaut $T = \dfrac{2\pi}{\omega} = 2\pi\sqrt{\dfrac{m}{k}}$ A.N. T = 0,28 s.

Le niveau zéro de l'énergie potentielle correspond à la position d'équilibre, quand l'allongement vaut $x_o = \dfrac{mg}{k}$; le signe négatif se justifie par la nécessité de fournir de l'énergie à la masse pour la ramener à la position d'équilibre.

L'allongement du ressort pour une position quelconque est $\Delta l = x + x_o$; $E_{pe} = \dfrac{1}{2}k(x + x_o)^2$.

L'énergie mécanique du système vaut $E_M = E_{pe} + E_{pp} + E_c$; à t = 0, $E_c = 0$ $E_{pe} = -\dfrac{1}{2}k(a + x_o)^2$; E_{pp} = -mga.

$E_M = \dfrac{1}{2}k(a + x_o)^2 - mga = 6{,}12.10^{-3}$ J ; E_M est constante si on néglige les frottements.

6 - ELECTROSTATIQUE.

Solution 1.
Charge placée en A :
elle est soumise à 2 forces : $F_{B/A}$, la force répulsive exercée par la charge positive placée en B et $F_{C/A}$, la force attractive exercée par la charge négative placée en C. la résultante de ces deux forces s'écrit $F_A = F_{B/A} + F_{C/A}$. Si Q est la charge et d le coté du triangle, on a

$F_{B/A} = F_{C/A} = k\dfrac{Q^2}{d^2}$; les deux forces qui s'exercent sur la charge en A ont la même intensité et font entre eux un angle de 120°. Le parallélogramme construit sur ces deux vecteurs pour trouver leur somme est un losange dont la petite diagonale est la somme recherchée ; F_A est la bissectrice de l'angle en A. on peut donc écrire :

$\cos 60° = \dfrac{1}{2} = \dfrac{F_A}{2F_{B/A}} \Rightarrow F_A = F_{B/A} = k\dfrac{Q^2}{d^2}$.

A.N. $F_A = 9.10^{-3}$ N.

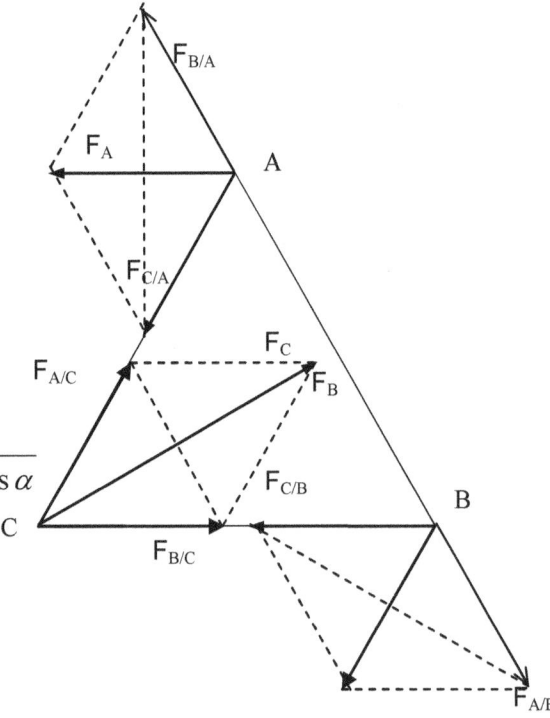

<u>Deuxième méthode</u> : On peut aussi calculer F_A par la formule $F_A = \sqrt{F_{B/A}^2 + F_{C/A}^2 + 2\vec{F}_{B/A}.\vec{F}_{C/A}} = \sqrt{F_{B/A}^2 + F_{C/A}^2 + 2F_{B/A}.F_{C/A}\cos\alpha}$; α est l'angle entre les deux forces ; dans le cas d'espèce, elles ont la même intensité et l'angle vaut 120° ; $F_A = \sqrt{2F_{B/A}^2 - F_{B/A}^2} = F_{B/A}$.

Une <u>troisième méthode</u> consiste à construire le **dynamique des forces** $F_A = F_{B/A} + F_{C/A}$. On obtient un triangle isocèle avec un angle de 60°, ce qui est un triangle équilatéral, donc F_A a la même intensité que chacune des deux forces.

2. charge positive placée en B ; on procède de la même façon qu'avec la charge en A.

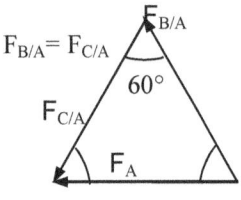

3. charge négative placée en C :
elle est soumise à 2 forces : $F_{B/C}$, la force attractive exercée par la charge positive placée en B et $F_{A/C}$, la force attractive exercée par la charge positive placée en C. La résultante de ces deux forces s'écrit $F_C = F_{B/C} + F_{A/C}$. Si Q est la charge et d le coté du triangle, on a

$F_{B/C} = F_{A/C} = k\dfrac{Q^2}{d^2}$; les deux forces qui s'exercent sur la charge en C ont la même intensité et font entre eux un angle de 60°. Le parallélogramme construit sur ces deux vecteurs pour trouver leur somme est un losange dont la grande diagonale est la somme recherchée ; F_C est la bissectrice de l'angle en C. on peut donc écrire : $\cos 30° = \dfrac{\sqrt{3}}{2} = \dfrac{F_A}{2F_{B/A}} \Rightarrow F_A = F_{B/A}.\sqrt{3} = k\dfrac{Q^2}{d^2}.\sqrt{3}$.

A.N. $F_C = 1,56.10^{-2}$ N.

On peut aussi calculer F_C par la formule $F_C = \sqrt{F_{B/C}^2 + F_{A/C}^2 + 2\vec{F}_{B/C}.\vec{F}_{A/C}} = \sqrt{F_{B/C}^2 + F_{A/C}^2 + 2F_{B/C}.F_{A/C}\cos\alpha}$; α est l'angle entre les deux forces ; dans le cas d'espèce, elles ont la même intensité et l'angle vaut 60° ; $F_C = \sqrt{2F_{B/A}^2 + F_{B/A}^2} = F_{B/A}.\sqrt{3}$.

Solution 2.

$\vec{E} = \vec{E_A} + \vec{E_B} + \vec{E_C} + \vec{E_D}$

sur le schéma, $\vec{E_A}$ et $\vec{E_C}$ d'une part, $\vec{E_B}$ et $\vec{E_D}$ sont alignés ; on pose donc, $\vec{E_2} = \vec{E_A} + \vec{E_C}$ et $\vec{E_1} = \vec{E_B} + \vec{E_D}$. la résultante cherchée sera donc $\vec{E} = \vec{E_1} + \vec{E_2}$.

$\vec{E_A}$ et $\vec{E_C}$ ont la même direction et sont de sens opposés : on peut écrire $E_2 = E_C - E_A$.

Avec $E_A = k\dfrac{Q_A}{OA^2}$ et $E_C = k\dfrac{Q_C}{OC^2}$ le

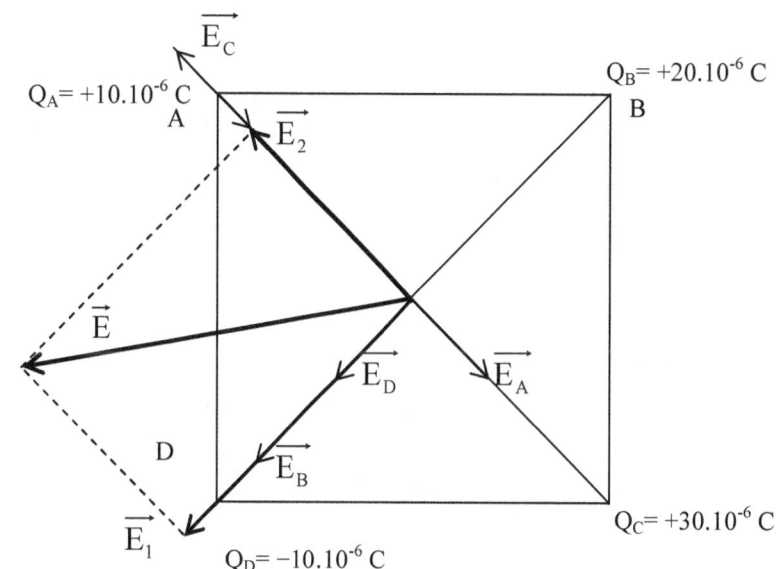

triangle ABO est rectangle en O et isocèle puisque OA = OB = OC = OD. Si a est le coté du carré, AB = a. on a donc $a^2 = OA^2 + OB^2 = 2OA^2$ soit OA = OB = OC = OD = $\dfrac{a}{\sqrt{2}}$; en fin de compte

$E_2 = 2k\dfrac{Q_C}{a^2} - 2k\dfrac{Q_A}{a^2} = \dfrac{2k}{a^2}(Q_C - Q_A) = \dfrac{2 \times 9 \cdot 10^9}{(50 \cdot 10^{-2})^2}(30 \cdot 10^{-6} - 10 \cdot 10^{-6}) = 1{,}44 \cdot 10^6$ N/C.

$\vec{E_B}$ et $\vec{E_D}$ ont la même direction et le même sens $E_1 = E_B + E_D =$

$E_1 = 2k\dfrac{Q_B}{a^2} + 2k\dfrac{|Q_D|}{a^2} = \dfrac{2k}{a^2}(Q_B + |Q_D|) = \dfrac{2 \times 9 \cdot 10^9}{(50 \cdot 10^{-2})^2}(20 \cdot 10^{-6} + 10 \cdot 10^{-6}) = 2{,}16 \cdot 10^6$ N/C.

$\vec{E} = \vec{E_1} + \vec{E_2}$ ces deux vecteurs dont il faut trouver la résultante sont perpendiculaires.
$E = \sqrt{E_1^2 + E_2^2} = 2{,}60 \cdot 10^6$ N/C.

Solution 3.

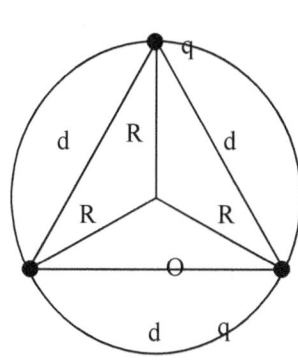

Les trois charges forment un triangle équilatéral. chaque charge est en équilibre sous l'action de trois forces. Son poids, la tension du fil et la force électrostatique, qui est la résultante des deux forces électrostatiques exercées par les deux autres charges.
On peut donc écrire :
$\vec{P} + \vec{F} + \vec{T} = \vec{0}$; on peut donc écrire

$\tan\alpha = \dfrac{F}{P} = \dfrac{R}{h} = \dfrac{R}{\sqrt{l^2 - R^2}}$; $\vec{F} = \vec{F_1} + \vec{F_2}$ $\vec{F_1}$ et $\vec{F_2}$

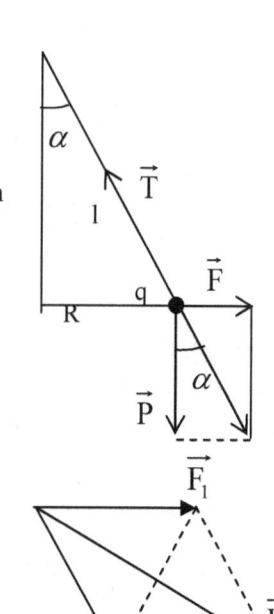

ont la même intensité et font entre eux un angle de 60°. $F_1 = F_2 = \dfrac{kq^2}{d^2} = \dfrac{kq^2}{3R^2}$

puisque $\cos 30° = \dfrac{\sqrt{3}}{2} = \dfrac{d}{2R}$ soit $d = \sqrt{3}R$. Le parallélogramme construit sur ces deux forces forme un losange. $\cos 30° = \dfrac{F}{2F_1}$ L'intensité de la résultante s'écrit donc : F=

$2F_1 \cos 30° = 2F_1 \dfrac{\sqrt{3}}{2} = \sqrt{3}.F_1 = \sqrt{3}\dfrac{kq^2}{3R^2} = \dfrac{kq^2}{R^2\sqrt{3}}$, et P = mg

On a donc $\tan\alpha = \dfrac{R}{\sqrt{l^2 - R^2}} = \dfrac{F}{P} = \dfrac{kq^2}{mgR^2\sqrt{3}}$; soit $\dfrac{k}{mg\sqrt{3}}\dfrac{q^2}{R^2} = \dfrac{R}{\sqrt{l^2-R^2}}$

$\left(\dfrac{q}{R}\right)^2 = \dfrac{mg\sqrt{3}}{k}\dfrac{R}{\sqrt{l^2-R^2}} \Rightarrow q = R\sqrt{\dfrac{mg\sqrt{3}}{k}\dfrac{R}{\sqrt{l^2-R^2}}} = \mathbf{1{,}20.10^{-7}\ C}$.

Solution 4.

soit $\vec{E_A}, \vec{E_B}, \vec{E_B}$, les champs créés respectivement par les charges en A, en B et C. le champ en M est la résultante de ces trois champs. Soit
$\vec{E} = \vec{E_A} + \vec{E_B} + \vec{E_C}$.

d'après le schéma, on trouve d'abord $\vec{E_1} = \vec{E_A} + \vec{E_B}$
$\vec{E_A}, \vec{E_C}$ ont la même direction et sont opposés ; leur résultante a pour intensité $E_1 = E_C - E_A$, avec
$E_A = \dfrac{kQ_1}{AM^2} = \dfrac{4kQ_1}{d^2}$; $E_C = \dfrac{kQ_3}{CM^2} = \dfrac{4kQ_3}{d^2}$;
$Q_3 = 2Q_1$; donc $E_C = \dfrac{4k(2Q_1)}{d^2} = 2\dfrac{4kQ_1}{d^2} = 2E_A$; d est
le coté du triangle ; on obtient donc $E_1 = 2E_A - E_A =$
E_A, et $\vec{E} = \vec{E_A} + \vec{E_B} + \vec{E_C} = \vec{E_1} + \vec{E_B}$; les champs $\vec{E_1}$ et $\vec{E_B}$ sont orthogonaux et par ailleurs, $E_B =$.

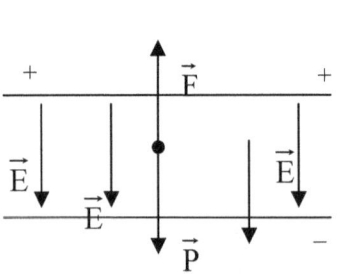

$\dfrac{kQ_3}{MB^2} = \dfrac{k5Q_1}{(d\cos 30)^2} = \dfrac{5kQ_1 \times 4}{3d^2} = \dfrac{5}{3}\dfrac{4kQ_1}{d^2} = \dfrac{5}{3}E_1$

$E = \sqrt{E_A^2 + \left(\dfrac{5}{3}E_A\right)^2} = E_A\sqrt{\dfrac{34}{9}} = \dfrac{4kQ_1}{d^2}\sqrt{\dfrac{34}{9}} = \dfrac{4\times 9.10^9.10^{-6}}{(2.10^{-2})^2}\sqrt{\dfrac{34}{9}} = 1{,}75.10^{+8}$ N/C.

$\tan\alpha = \dfrac{E_A}{E_B} = \dfrac{9000}{15000} = 0{,}6$; on trouve l'angle $\alpha = 31°$.

Solution 5.

Bilan des forces : Bilan des forces : le poids de la barre $\vec{P}$, la force électrostatique $\vec{P}$; les deux forces sont verticales et opposées de sens.

A l'équilibre, $\vec{P} + \vec{F} = \vec{0}$, soit F = P ; on a donc mg = qE ; le rapport $\dfrac{q}{m} = \dfrac{g}{E}$. A.N. $\dfrac{q}{m} = 3{,}3.10^{-8}$ C.kg^{-1}.

Si q = 20e m = $\dfrac{20 \cdot 1{,}610^{-6}}{3{,}3 \cdot 10^{-8}} = 9{,}6 \cdot 10^{-11}$ kg.

M = $\rho V = \rho \dfrac{4}{3}\pi R^3$; on en déduit R = $\sqrt[3]{\dfrac{3M}{4\pi\rho}}$. A.N. R = $2{,}95 \cdot 10^{-5}$ m.

Solution 6.

$F = k\dfrac{Q^2}{d^2} = \dfrac{1}{4\pi\varepsilon_o}\dfrac{(7e)^2}{d^2} = \dfrac{1}{4\pi\varepsilon_o}\dfrac{(7 \cdot 1{,}6 \cdot 10^{-19})^2}{(0{,}14 \cdot 10^{-9})^2} = 5{,}76 \cdot 10^{-7}$ N ; ce sont des force répulsives ;

$F = \varepsilon\dfrac{m^2}{d^2} = 6{,}67 \cdot 10^{-11}\dfrac{(2{,}3 \cdot 10^{-26})^2}{(0{,}14 \cdot 10^{-9})^2} = 1{,}8 \cdot 10^{-42}$ N ; ce sont des forces attractives.

Les forces gravitationnelles sont beaucoup plus faibles que les forces électriques ; en conclusion on peut négliger les forces gravitationnelles devant les forces électriques.

Solution 7.

Les forces qui s'exercent sur une boule sont le pois, la tension, et la force électrique. À l'équilibre, on peut écrire :

$\vec{P} + \vec{T} + \vec{F} = \vec{0}$ d'autre part, $\tan\alpha = \dfrac{F}{P} = \dfrac{F}{mg}$; soit $F = mg\tan\alpha = 0{,}17$ N

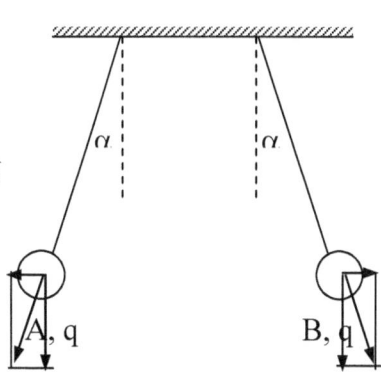

$\vec{F} = q\vec{E}; \vec{E} = \dfrac{\vec{F}}{q}$. En intensité, $E = \dfrac{F}{q} = \dfrac{0{,}17}{1{,}4 \cdot 10^{-8}} = 1{,}23 \cdot 10^4$ N/C.

Le champ E est dirigé suivant AB et orienté de B vers A.

Solution 8.

Bilan des forces : le poids de la boule $\vec{P}$, la force électrostatique $\vec{F}$, la tension du fil $\vec{T}$

à l'équilibre, on peut écrire : $\vec{P} + \vec{T} + \vec{F_e} = \vec{0}$; $\tan\alpha = \dfrac{F_e}{P} = \dfrac{qE}{mg}$

on en tire $q = \dfrac{mg\tan\alpha}{E}$ et comme $E = \dfrac{U}{d}$, on tire $q = \dfrac{mgd\tan\alpha}{U}$

A.N. $q = 1{,}15 \cdot 10^{-5}$ C.
La charge q est attirée par la plaque A chargée positivement ; elle est donc négative.
Le nombre d'électrons se calcule par la formule q = ne, soit n = q/e = $7{,}22 \cdot 10^{13}$.

Solution 9.

$\vec{E} = \vec{E_A} + \vec{E_B} + \vec{E_C} = \vec{E_A} + \vec{E_C} + \vec{E_B}$; on pose $\vec{E_1} = \vec{E_A} + \vec{E_C}$

$\vec{E} = \vec{E_1} + \vec{E_B}$. Les vecteurs $\vec{E_A}$ et $\vec{E_C}$ sont orthogonaux

$E_1 = \sqrt{E_A^2 + E_C^2}$ $\vec{E_1} = \vec{E_A} + \vec{E_C}$ et $\vec{E_B}$ sont colinéaires et de même sens

En fin de compte, $E = E_1 + E_B = E_1 = \sqrt{E_A^2 + E_C^2} + E_B$

$E_A = E_C = \dfrac{kq}{a^2}$; $E_B = \dfrac{kq}{BD^2} = \dfrac{kq}{2a^2}$; $E = \sqrt{2E_A^2} + E_B = \sqrt{2}E_A + E_B = \sqrt{2}\dfrac{kq}{a^2} + \dfrac{kq}{2a^2} = \dfrac{kq}{a^2}\left(\sqrt{2} + \dfrac{1}{2}\right)$.

A.N. $E = 3{,}44.10^6$ N/C

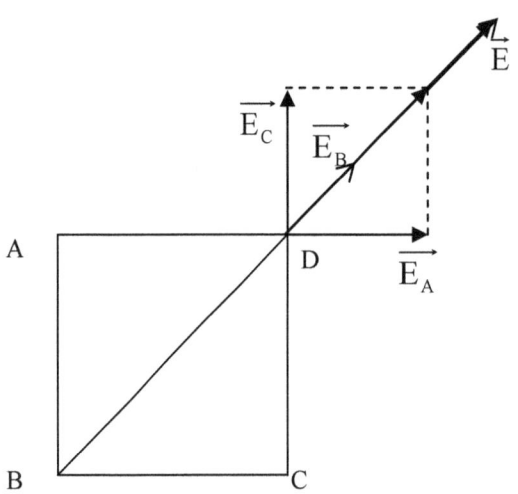

7 - OSCILLATIONS ELECTRIQUES ET CIRCUIT R, L, C.

Solution 1.

D'après la courbe, T = 4 ms = 4.10^{-3} s. la fréquence f = 1/T = 250 Hz.

$f = \dfrac{1}{T} = 250 \text{ Hz} ; T = 2\pi\sqrt{LC} \Rightarrow T^2 = 4\pi^2 LC$, soit, $L = \dfrac{T^2}{4\pi^2 C} = 0,0587 \text{ H}$

$E = \dfrac{1}{2}\dfrac{Q_m^2}{C} = \dfrac{1}{2}CU_m^2 = 1,24.10^{-4} \text{ J}$.

Avec l'introduction d'une résistance, l'énergie de l'oscillateur n'est plus constante ; l'amplitude des oscillations diminue.

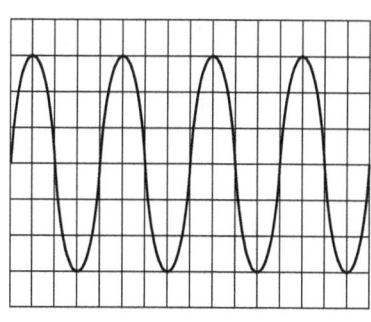

Solution 2.

$Li + \dfrac{q}{C} = 0 \Rightarrow L\dfrac{d^2 q}{dt^2} + \dfrac{q}{C} = 0$ soit $\dfrac{d^2 q}{dt^2} + \dfrac{q}{LC} = 0$

$T = \dfrac{2\pi}{\omega} = 2\pi\sqrt{LC} = 3,14.10^{-3}$ s.

$E_M = E_C + E_{PE} = \dfrac{1}{2}mv^2 + \dfrac{1}{2}kx^2 = \dfrac{1}{2}m\left(\dfrac{dx}{dt}\right)^2 + \dfrac{1}{2}kx^2$

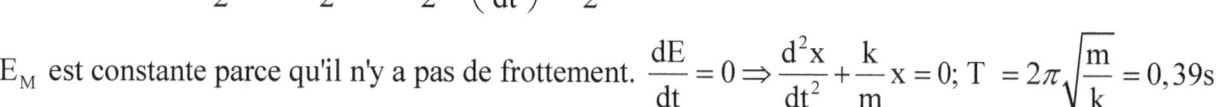

E_M est constante parce qu'il n'y a pas de frottement. $\dfrac{dE}{dt} = 0 \Rightarrow \dfrac{d^2 x}{dt^2} + \dfrac{k}{m}x = 0; T = 2\pi\sqrt{\dfrac{m}{k}} = 0,39$ s

par analogie, $E_M = \dfrac{1}{2}Li^2 + \dfrac{1}{2}\dfrac{q^2}{C}$

Solution 3.

$L\omega = 2\pi N L = 28,27 \Omega ; \dfrac{1}{C\omega} = \dfrac{1}{2\pi NC} = 159,15 \Omega$ donc $L\omega < \dfrac{1}{C\omega}$

$Z = \sqrt{(R+r)^2 + \left(L\omega - \dfrac{1}{C\omega}\right)^2} = 144,12 \Omega$

$U = ZI \Rightarrow I = \dfrac{U}{Z} = 0,041$ A.

$U_R = RI = 2,08 \text{ V}; U_B = \left(\sqrt{r^2 + (L\omega)^2}\right)I = 1,23 \text{ V}; U_C = \dfrac{I}{C\omega} = 12,74 \text{ V}$

$\cos\varphi = \dfrac{R+r}{Z} = 0,416 \Rightarrow \varphi = 65,39° = 1,14$ rad.

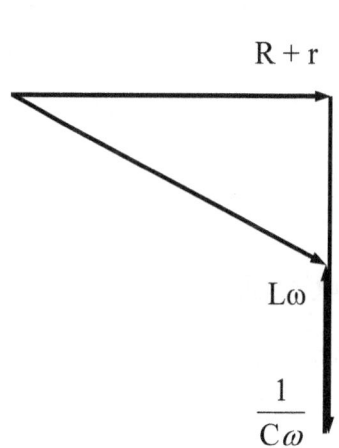

Solution 4.

1. $Z = R = 23 \Omega$; 2. $Z = \dfrac{1}{C\omega} = 19894367 \Omega$; 3. $Z = L\omega = 42,73 \Omega$; 4. $Z = \sqrt{r^2 + (L\omega)^2} = 58,53 \Omega$.

Solution 5

1. il s'agit de la résonance. $N_0 = 215$ Hz.

2. $LC\omega_0^2 = 1 \Rightarrow C = \dfrac{1}{L\omega_0^2} = 5,47.10^{-6}$ Hz.

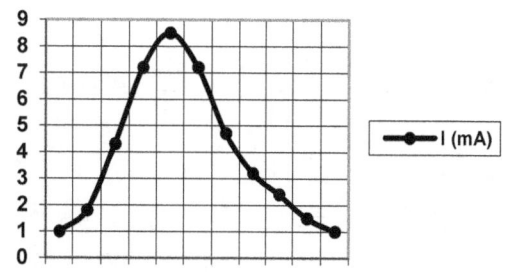

Exercices corrigés de Physique pour les Terminales scientifiques/Tchassé

3. $U_C = \dfrac{I}{C\omega_o}$ et $U = RI$ on en déduit $I = U/R$ et $U_C = \dfrac{U}{RC\omega_o}$; $\dfrac{U_C}{C} = \dfrac{1}{RC\omega_o} = 13,53$.

4. $I = \dfrac{I_m}{\sqrt{2}} = 6,01 \Rightarrow N_1 = 208$ Hz ; $N_2 = 225$ Hz. $\Delta N = 17$ Hz. $Q = \dfrac{N_o}{\Delta N} = \dfrac{215}{17} = 13,53$; c'est le facteur qualité.

Solution 6.

$U_1 = RI_1 \Rightarrow R = U/I_1 = 8\ \Omega$.

$U_{ef} = \dfrac{U_m}{\sqrt{2}} = 18$ V. $U = ZI \Rightarrow Z = U/I = 9\ \Omega$.

$Z^2 = R^2 + (L\omega)^2 \Rightarrow L\omega = \sqrt{Z^2 - R^2} ; L = \dfrac{1}{\omega}\sqrt{Z^2 - R^2}$. A.N. $L = 0,013$ H.

$\cos\varphi = \dfrac{R}{Z}$ soit en remplaçant, $\varphi = 0,476$ rad. $i_2 = 2\sqrt{2}\cos(100\pi t - 0,476)$.

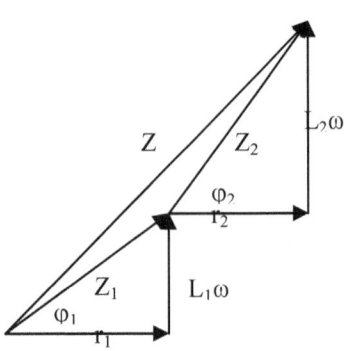

$L' = 100L = 1,3$ H la valeur correspondante de l'impédance est $Z' = 408,49\ \Omega$.

Pour le déphasage, on a $\cos\varphi' = \dfrac{R}{Z'} \Rightarrow \varphi' = 1,55$ rad ; c'est à peu près égal à 90°.

$U = Z'I' \Rightarrow I' = U/Z' = 0,044$ A

$i_3 = 0,0441\sqrt{2}\cos(100\pi t - 1,55)$; c'est une inductance pure; c'est comme si la résistance de la bobine était nulle.

Solution 7.

$Z_1 = \sqrt{r_1^2 + (L_1\omega)^2}$; $Z_2 = \sqrt{r_2^2 + (L_2\omega)^2}$; $Z = \sqrt{(r_1+r_2)^2 + (L_1\omega + L_2\omega)^2}$.

$Z = Z_1 + Z_2$ si $\varphi_1 = \varphi_2$; $\tan\varphi_1 = \tan\varphi_2 \Rightarrow \dfrac{L_1\omega}{r_1} = \dfrac{L_2\omega}{r_2} \Rightarrow L_1 = \dfrac{r_1}{r_2}L_2 = 0,06\ H$

Solution 8.

$U = E = \dfrac{q_o}{C}$; donc $q_o = CE = 6.10^{-6}$ C ; $E_e = \dfrac{1}{2}\dfrac{q_o^2}{C} = 4,5.10^{-5}$ J. L'interrupteur K_2 étant ouvert, $E_M = 0$ J.

$i = \dfrac{dq}{dt}$; $u = \dfrac{q}{C} = -L\dfrac{di}{dt} \Rightarrow u = -L\dfrac{d^2q}{dt^2} = -L\dfrac{d^2(Cu)}{dt^2} = -LC\dfrac{d^2u}{dt^2}$; donc $\dfrac{d^2u}{dt^2} + \dfrac{u}{LC} = 0$

$u = U_m\cos(\omega_o t + \varphi)$; $\dfrac{du}{dt} = -\omega_o U_m \sin(\omega_o t + \varphi)$ et $\dfrac{d^2u}{dt^2} = -\omega_o^2\underbrace{U_m\cos(\omega_o t + \varphi)}_{u} = -\omega_o^2 u \Rightarrow \dfrac{d^2u}{dt^2} + \omega_o^2 u = 0$

$U_m = 15$ V ; $i = \dfrac{dq}{dt} = \dfrac{d(Cu)}{dt} = C\dfrac{du}{dt} = -\omega_o CU_m\sin(\omega_o t + \varphi)$; à $t = 0$; $i = -\omega_o CU_m\sin\varphi = 0$; donc $\varphi = 0$

$\omega_o = \sqrt{\dfrac{1}{LC}}$; et $T = \dfrac{2\pi}{\omega_o} = 2\pi\sqrt{LC} = 1,12.10^{-3}$ s =

$q = Cu = CU_m \cos(\omega_o t)$. à $t = \dfrac{T}{4}$, $q = CU_m \cos\left(\dfrac{2\pi}{T}\dfrac{T}{4}\right) = CU_m \cos\left(\dfrac{\pi}{2}\right) = 0$;

$i = \dfrac{dq}{dt} = -\omega_o CU_m \sin(\omega_o t)$; à $t = \dfrac{T}{4}$, $i = -\omega_o CU_m \sin\left(\dfrac{2\pi}{T}\dfrac{T}{4}\right) =$
$-\omega_o CU_m \sin\left(\dfrac{\pi}{2}\right) = -\omega_o CU_m = 3,35.10^{-2}\text{A}$ q=0 ; l'énergie électrostatique

$E_e = \tfrac{1}{2}q^2/C = 0$ et l'énergie magnétique $E_m = \dfrac{1}{2}Li_m^2 = 4,5.10^{-5}\text{J}$.

Solution 9.

La période $T = 2,5.10^{-3} \times 8 = 2.10^{-2}$s ; la pulsation $\omega = \dfrac{2\pi}{T} = 100\pi$; $U_m = 2\times 5 = 10$V ; la phase initiale est égale à π ; donc $u_{AD} = 10\sin(100\pi t + \pi) = 10\cos\left(100\pi t + \dfrac{\pi}{2}\right)$;

<u>Dipôle 1</u> ; le décalage horaire est $\theta = \dfrac{T}{8}$, ce qui correspond à un déphasage $\varphi = \omega.\theta = \dfrac{2\pi}{T}.\dfrac{T}{8} = \dfrac{\pi}{4}$; la tension u_{AD} est en avance de phase sur l'intensité.

<u>Dipôle 2</u> ; l'intensité et la tension sont en phase ; c'est la résonance.

$U_{BD} = r_1 I$ $U_{BD} = r_1 I \Rightarrow I = \dfrac{U_{BD}}{r_1}$; AN : I = 0,15 A. d'autre part, $U_{AD} = ZI \Rightarrow Z = \dfrac{U_{AD}}{I} = 66,67\Omega$

$\cos\varphi = \dfrac{r_1 + r_2 + r}{Z} \Rightarrow r = Z\cos\varphi - (r_1 + r_2) = 5,14\Omega$; Comme

$Z = \sqrt{(r_1 + r_2 + r)^2 + (L\omega)^2} \Rightarrow Z^2 = (r_1 + r_2 + r)^2 + (L\omega)^2$; donc $Z^2 - (L\omega)^2 = (r_1 + r_2 + r)^2$

$L\omega = \sqrt{Z^2 - (r_1 + r_2 + r)^2}$; donc $L = \dfrac{\sqrt{Z^2 - (r_1 + r_2 + r)^2}}{\omega}$; AN : $L = 0,15 = 1,50.10^{-1}$ H

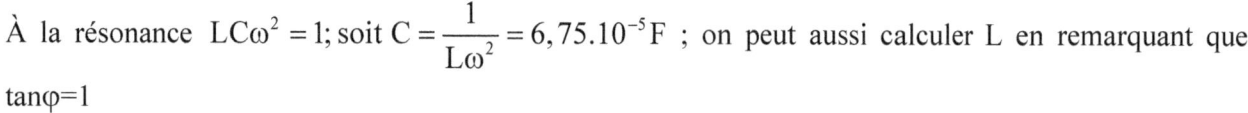

À la résonance $LC\omega^2 = 1$; soit $C = \dfrac{1}{L\omega^2} = 6,75.10^{-5}$F ; on peut aussi calculer L en remarquant que $\tan\varphi = 1$

5. Soit $\tan\varphi = \dfrac{L\omega}{r_1 + r_2 + r} = 1$; donc $L = \dfrac{r_1 + r_2 + r}{\omega} = 0,15$H

Solution 10.

4. $\varphi = 0,92 = 52,54°$; $U_{mr} = rI_m \Rightarrow I_m = \dfrac{U_{mr}}{r} = 0,8$A ; $i = I_m \cos(500t - 0,92) = 0,8\cos(500t - 0,92) = 0,8\cos(500t - 0,29\pi)$

5. $U_m = ZI_m \Rightarrow Z = \dfrac{U_m}{I_m} = 30\Omega$

   $Z = \sqrt{(R+r)^2 + (L\omega)^2} \Rightarrow Z^2 = (R+r)^2 + (L\omega)^2$;

6. $L\omega = \sqrt{Z^2 - (R+r)^2}$; donc $L = \dfrac{\sqrt{Z^2 - (R+r)^2}}{\omega}$;

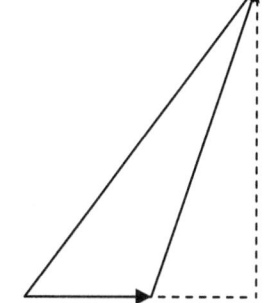

7. $\tan\varphi = \dfrac{L\omega}{R+r} \Rightarrow (R+r)\tan\varphi = L\omega \,;\, (R+r)\tan\varphi = \sqrt{Z^2-(R+r)^2}\,;\,(R+r)^2\tan^2\varphi = Z^2-(R+r)^2$

$\Rightarrow (R+r)^2\left(\tan^2\varphi+1\right) = Z^2 \Rightarrow (R+r)\sqrt{\left(\tan^2\varphi+1\right)} = Z\,;\, R = \dfrac{Z}{\sqrt{\left(\tan^2\varphi+1\right)}} - r$

AN : R=8,25Ω ; L=0,048 H.

8- LA FORCE DE LAPLACE

Solution 1.
a) Force de Lorentz

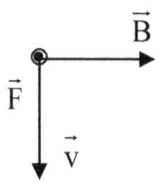 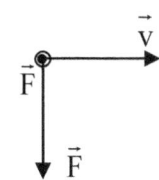 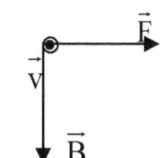 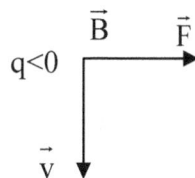

b) Force de Laplace.

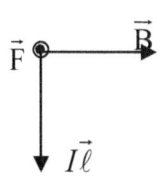 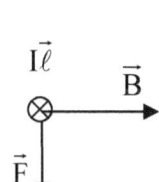 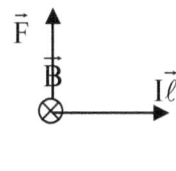 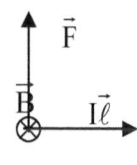

Solution 2.
Bilan des forces : le poids de la barre $\vec{P}$, la force de Laplace $\vec{F}$, la tension du fil $\vec{T}$

à l'équilibre, on peut écrire : $\vec{P} + \vec{T} + \vec{F} = \vec{0}$;
par projection sur l'axe on obtient
$-Mg - F + mg\sin\alpha = 0$, avec $F = BIl$; on en déduit
$M = mg\sin\alpha - BIl/g$. A.N. $M = 0{,}04$ kg.

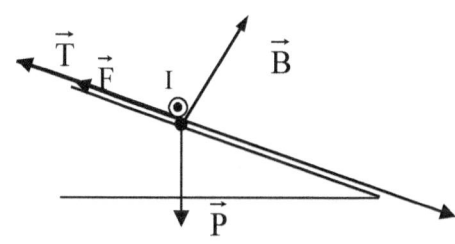

Solution 3.
Bilan des forces : le poids de la barre $\vec{P}$, la force de Laplace $\vec{F}$, la réaction du support $\vec{R}$

à l'équilibre, on peut écrire : $\vec{P} + \vec{R} + \vec{F} = \vec{0}$;
le théorème des moments s'écrit : $\Sigma M = 0$; c'est-à-dire $-PHG + FNO = 0$ (1); $HG = l/2 \sin\alpha$; à l'équilibre, la longueur soumise au champ est $(d_2 - d_1)\cos\alpha$, et la distance entre le point d'application de la force de Laplace et le point O est $d_1 + (d_2 - d_1)/2 = (d_1+d_2)/2$.

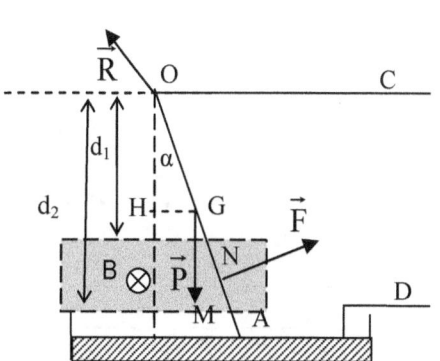

Lorsqu'on remplace dans (1) on obtient
$-mg\dfrac{l}{2}\sin\alpha + BI\left(\dfrac{d_2 - d_1}{\cos\alpha}\right)\left(\dfrac{d_1 + d_2}{2}\right) = 0$; soit

$-mgl\sin\alpha + BI\left(\dfrac{d_2^2 - d_1^2}{\cos\alpha}\right) = 0 \Rightarrow B = \dfrac{mgl\sin\alpha\cos\alpha}{I(d_2^2 - d_1^2)} = \dfrac{mgl\sin 2\alpha}{2I(d_2^2 - d_1^2)}$

A.N $B = 2{,}44 \cdot 10^{-2}$ T

Solution 4.

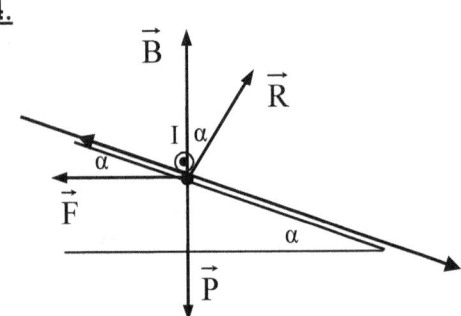
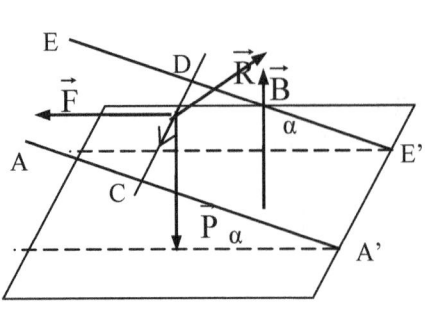

Bilan des forces : le poids de la barre $\vec{P}$, la force de Laplace $\vec{F}$, la réaction du support $\vec{R}$
à l'équilibre, on peut écrire : $\vec{P} + \vec{R} + \vec{F} = \vec{0}$;
la projection de cette relation donne $-F\cos\alpha + P\sin\alpha = 0$ soit $-BIl\cos\alpha + mg\sin\alpha = 0$; on tire de ceci $I = \dfrac{mgl\sin\alpha}{Bl\cos\alpha} = \dfrac{mgl}{Bl}\tan\alpha$. A.N $I = 15,67$ A

Solution 5.

Bilan des forces : le poids de la barre $\vec{P}$, la force de Laplace $\vec{F}$, la réaction du support $\vec{R}$
à l'équilibre, on peut écrire : $\vec{P} + \vec{R} + \vec{F} = \vec{0}$;
le théorème des moments s'écrit : $\Sigma M = 0$;
$Fl = Pl'$ qui peut encore s'écrire $BIAC = mg$ soit $m = \dfrac{BAC}{g}I$; la pente de la courbe $m = f(I)$ est $\tan\alpha = \dfrac{BAC}{g}$

$\tan\alpha = \dfrac{10^{-3} - 0,2.10^{-3}}{5-1} = 0,2.10^{-3}$ kg/A

Comme $\tan\alpha = \dfrac{BAC}{g}$, on en déduit $B = \dfrac{g}{AC}k$

A.N. $B = 9,8.10^{-2}$ T

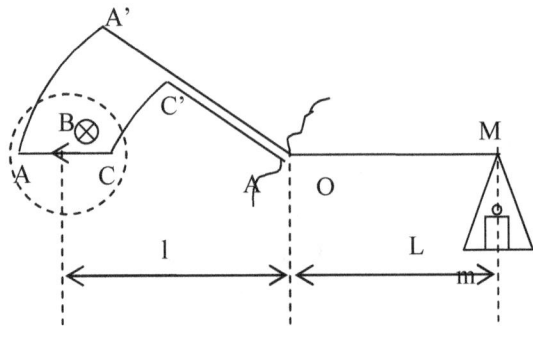

I(A)	0	1	2	3	4	5
m(g)	0	0,2	0,4	0,6	0,8	1

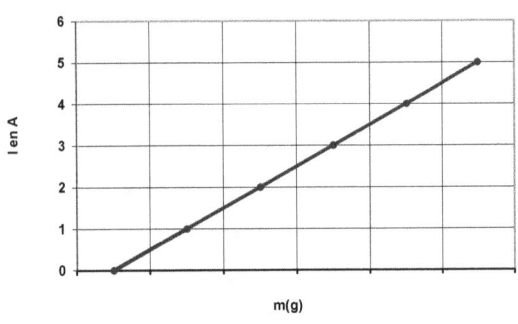
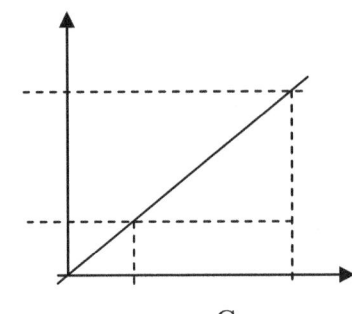

Solution 6.

$\vec{P} + \vec{F} = \vec{0} \Rightarrow BID = mg$, soit $I = \dfrac{mg}{BD} = \dfrac{\mu Vg}{BD} = \dfrac{\mu\pi d^2 lg}{4BD} = 3,99$ A

Avec la force horizontale, on retrouve un équilibre avec 3 forces :
$\vec{P} + \vec{F} + \vec{T} = \vec{0}$; d'après le schéma, on a $\tan\alpha = \dfrac{F}{P} = \dfrac{BID}{mg} = \dfrac{4BID}{4\mu\pi d^2 lg}$

A.N. $\tan\alpha = 0,25$, soit $\alpha = 14,05°$.

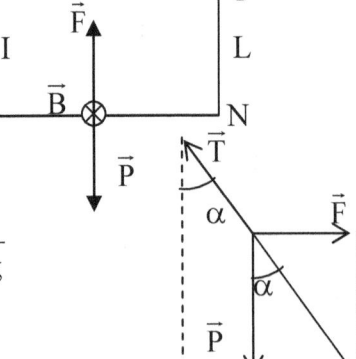

Exercices corrigés de Physique pour les Terminales scientifiques/Tchassé

www.ingramcontent.com/pod-product-compliance
Lightning Source LLC
Chambersburg PA
CBHW080714190526
45169CB00006B/2370